说盐与用盐

——食盐知识与生活用盐经验

SHUOYAN YU YONGYAN

——SHIYAN ZHISHI YU SHENGHUO YONGYAN JINGYAN

第 3 版

夏建军　编　著

河南科学技术出版社

· 郑州 ·

内容提要

本书在前2版的基础上修订而成,笔者参考大量盐业资料和医学文献,结合自己长期从事盐业工作的深切体会,系统介绍了食盐相关知识和生活用盐经验,包括盐史、盐种、盐与人体、盐与医学、盐与疾病、盐与饮食、盐与养生、盐与美容、盐与化工、盐与农牧、盐与腌渍及用盐经验集锦等。本书内容丰富,阐述简明,融知识性、趣味性和实用性于一体,对读者了解食盐知识和科学用盐,具有很好的启迪和借鉴价值,适合城乡居民、基层医务人员和盐业工作者阅读参考。

图书在版编目(CIP)数据

说盐与用盐/夏建军编著. —3版. —郑州:河南科学技术出版社,2021.10

ISBN 978-7-5725-0593-5

Ⅰ.①说… Ⅱ.①夏… Ⅲ.①食盐—普及读物 Ⅳ.①TS364-49

中国版本图书馆CIP数据核字(2021)第184377号

出版发行: 河南科学技术出版社
北京名医世纪文化传媒有限公司
地址:北京市丰台区万丰路316号万开基地B座1-115 邮编: 100161
电话:010-63863186 010-63863168

策划编辑: 杨磊石
文字编辑: 艾如娟
责任审读: 周晓洲
责任校对: 龚利霞
封面设计: 吴朝洪
版式设计: 崔刚工作室
责任印制: 苟小红
印　　刷: 河南省环发印务有限公司
经　　销: 全国新华书店、医学书店、网店
开　　本: 850 mm×1168 mm 1/32 **印张**: 7.25 **字数**: 139千字
版　　次: 2021年10月第3版 2021年10月第1次印刷
定　　价: 28.00元

如发现印、装质量问题,影响阅读,请与出版社联系并调换

第3版前言

盐是什么？咸咸的味道，白色的结晶，伴随每个人的每一天，乃至人的一生一世。咸盐，不仅翻腾在大海波涛里，埋藏在大地岩层里，它实实在在涌动在我们的生命里。

盐，“五味之首”“百味之王”，它的诞生使烹饪大放异彩。几千年来，盐不仅丰富百姓饮食生活，而且广泛应用于工农业诸方面，为人们生存和国家建设作出了重大贡献。

“有盐同咸，无盐同淡”。人类既然离不开盐，那么，这个盐字可以成为一个永恒的话题。随着时代的发展，过去仅仅作为调味品的食盐，开始改变单一的存在形式，品种与功能越来越多。无论都市大超市，还是乡镇小卖部，都能看到和买到品种丰富、营养保健的食盐，满足不同人群对营养保健的“绿色消费”，这是中国盐业未来的发展趋势。

2005年，带着“盐业人写盐业书”的初心，笔者花了数年时间，撰写《说盐与用盐》，几经修改，直到脱稿落笔。2008年由北京人民军医出版社首次出版，令人欣慰的是，这本书出版后收到意想不到的效果。不少读者反映，本书有文化韵味，可读性、实用性强；国家新闻出版总署将本书列为“农家书屋”用书。出版不到三年，多次重印，累计发行13万余册。2011年9月第2版，增加了许多实用知识。2012年10月，本书荣获第二届中国科普作家协会优秀作品提名奖（二等奖），也是当年湖南省唯一获奖的科普读物。由于军改，人民军医出版社已于2016年撤销，故本版改为河南科学技术出版社出版。

“莫道桑榆晚，为霞尚满天”。本人以前从事盐业工作几十年，尽管已经离开工作岗位8年了，但忘不了与盐打交道的芳华岁月，忘不了湖南盐业从无到有、从小到大的沧桑巨变。

趁着美好的夕阳红时光，完成一个科普作家的最后夙愿，我对这本书再次进行修订，在保持第2版特色的基础上，主要做了以下修改：①通读全书，增补了30余处盐史和识盐知识，以丰富盐文化内容；②增补第14章“盐的知识解答”题，以飨读者；③充实了部分生活用盐经验，并修正了上版中的错漏。

修订过程中，笔者引用部分报刊书籍小资料，在此，向原作者表示谢意。由于本人水平所限，书中如有错漏不当之处，敬请读者多多指正。

夏建军

2021年6月21日

第1版前言

古人曰：每天开门七件事，油盐柴米酱醋茶。盐关乎国计、维系民生，是老百姓日常生活缺之不得的调味品和营养素。作为“食肴之将”的食盐，最早为人类所发现和利用，除了满足人们饮食生活烹调，还能运用于中医自然疗法。盐乃是民食工需，不仅对人民生活水平和身体健康的提高，而且对工农牧医等科技领域的发展，发挥越来越大的作用，有悠久的历史和美好的前景。

30年来，我每天走进盐仓，默默与盐“亲密接触”，有着深深的情愫。出于对职业的酷爱，我满怀一个科普作家的激情，有义务有责任提笔为盐执言立传。因为盐神奇绚丽，盐业历史悠久，盐文化底蕴丰厚，时时刻刻在闪烁着中华民族的智慧之光，促进我去爱盐、说盐、读盐、写盐，走进盐的王国，探索盐类的奥秘，品味盐文化的魅力。在遭遇本命劫的非常时期，我没有放弃写作，仍然执笔不辍，努力坚持，写书虽苦，乐在其中。

盐是平凡的，又是珍贵的。在人类文明的演进中，食盐有过特殊的功绩。为了向广大读者宣传用盐知识，作为盐业人，笔者本着简便、实用的原则，博览群书，入海采珠，登山拾趣，搜集大量盐业资料，分门别类，编写这本集知识性、趣味性、实用性于一体的科普读物。本书以通俗的文字、翔实的资料，介绍盐的历史、盐的文化、盐的品种以及盐的实用知识；从各个角度，如概介、调味、食疗、医用等多侧面做逐项叙述，最后附上一些有实用价值的资料，大大提高了这本书的知识性、可读性，使读者走近盐、认识盐、使用盐，从生活中得到实惠。本书从执笔拟写到最后定稿，历时数年，易稿 5 次，可谓呕心沥血，废寝忘食。在编写过程中，曾参阅一些相关报刊和书籍，在此，向原作者表示感谢。同时，特别感谢湖南省轻工盐业集团郭剑萍、王哈滨，湘衡盐矿康云彪，市县盐业公司周莲芝、田宜香、杨国麒等领导同志的关心和帮助，并致以崇高的敬意。

弘扬盐业文化，传播科学知识，是我写这本书的意愿。但愿每个读者在阅读本书的过程中，能够了解更多盐的知识，感受盐的魅力，让盐成为您生活中的无价之宝。对于书中的不妥之处，敬请广大读者赐教斧正。

夏建军

2007 年 8 月

目录

第1章 话说盐史

一、盐的传说与历史

远古时期，“天下明德，皆自虞舜始”。尧在位时，舜还是一个普通农家小伙子，在家里一直受到父亲和弟弟的欺辱迫害，但舜均能忍让，从不计较，他辛勤耕种历山，帮老百姓做了许多好事，发于畎亩之中，受到尧的赏识，把王位禅让给舜。舜继承和发扬尧的长处，精心治理天下，为民办好事。

一日，舜帝听说历山西南方有个名叫“解池”的地方，是最早开发利用“自然成盐”的大盐池。他来到解池，见到南风吹来，沿岸的盐水迅速蒸发，凝结成颗粒，朝取暮生，暮取朝复，取之不竭。舜帝与盐民一起取盐，劳动之余，与盐民欢歌载舞，为感谢上天体怜苍生，频频刮来南风，使盐获得丰收。舜帝亲自弹起五弦之琴，创作了南风之歌，并带头歌唱：“南风之薰兮，可以解吾民之愠兮；南风之时兮，可以阜吾民之财兮。”歌词的“解愠”“阜财”，是指古代盐池凭借南风，蒸发产盐，造福人类。

以前，我们祖先起初是“食草木之食，鸟兽之肉，饮其血，茹其毛”，过着原始而落后的生活。直到人们初尝千

卉百草后，才知道大自然赐予人类的东西，哪些能食用，哪些不能食用，都是通过人的亲口品尝来验证的。经过古人无数次的大胆品尝，才构筑起人类的食文化进步的阶梯。比如盐，他们通过品尝海水、盐岩和盐土，才体会到了咸味的香美，并将自然生成的盐添加到食物中去，发现有些食物带有咸味比本味的味觉更好，就逐渐用盐作为调味品了。

五千年前，我们古人最早发现和发明海水煮熬盐粒的奇迹，《说文解字》载："咸也。从卤，监声，古者宿沙，初作煮海盐，风盐之属，皆从盐。"清代郝懿行《证俗文》："盐，咸也。古者宿沙氏初作，煮海盐。"夙（宿）沙氏为何人？《世本》云："夙沙氏始煮海为盐。夙沙、黄帝之。"他"始以海水煮制，煎以成盐，其有青、黄、白、黑、紫五样，盐之作，自从始。"相传在公元前四千年的炎帝时代，在某地沿海住着一个原始部落，有一个小伙子，名叫夙沙，他聪明能干，膂力过人。又善于撒网捕鱼，他捕获的禽兽鱼鳖比谁都多，便成为部落的小头目。

正值中午，他感到肚子饿了，想煮鱼吃，因找不着水，便舀来海水煮鱼，意外地发现海水煮干便是白白的细末，他用嘴尝了尝，感到又咸又香，回家后，他用它煮野猪，觉得味道美极了。从此，夙沙不再捕鱼，带领部落的人们用海水熬制盐，再用盐换取大批珍贵的兽皮、肥壮的猪羊、精良的弩箭、美丽的陶器，使大家的生活越来越富裕。

故事毕竟美好，流传至今。一些神话故事超脱于人的想象，是人们对未知世界的憧憬和希望。同时，善良的人们也将盐作为敬献神灵的供品，视为消灾驱邪的圣物

来崇拜，以祈求盐来保护他们，这时盐成了物化的神。

几千年来，民间对卤泉和盐神的传说很多，俯拾皆是，构成了盐文化的一个支系。这些神话和传说，或记载于史籍，或流传于民间，撩人情思，发人遐想，是盐文化的一朵奇葩。

如一，在先秦时，有猎人袁氏逐白鹿到四川宁厂古镇，发现一个山洞涌出一股清泉，猎人捧泉解渴，顿觉其味甘咸，于是传知众人，从此取水熬盐，故有“白鹿盐泉”之说。如二，《后汉书·南蛮传》载：巴郡、南郡……盐水有神女止禀君曰：“此地广大，鱼盐所出愿留共居。”是指神女止禀君的传说。如三，四川盐源县有个白盐井，相传开山姥姥塌耳山夷女。少韬晦，不自修饰，誓不适人。年及笄，惟司牧羊之役。羊饮于池，迹之，见白鹿群游，尝其水而咸，指以告人，因掘井汲煎，获盐甚佳，即今白盐井也。后无疾而逝，身有异香，至天祀之（清光绪《盐源县志》）。如四，在山西，关于白盐井还有记载：“蒙氏时，有女牧羊于此，一羝羊驱之不去，掘地得卤泉，因名白羊井，后化为白盐井。”之后，民间对白盐井每年3月第一个属鸡日祭盐神，祭礼活动十分热闹。之后，夏商时代就开始拓盐田，教民制盐，西周时期，山西解池也扩大湖盐规模。战国末期，四川自贡凿井产盐……盐的出现，是人类最早的发明之一，也是一大奇迹。古道漫漫，盐史悠悠，中国盐业有着源远流长的辉煌行程。

盐是什么？公元100年，东汉文字学家许慎在《说文解字》中做过精辟的释义：“盐，咸也。天生曰卤，人造曰盐，从卤监声。”也就是说，卤与盐都是同一物质，只不过是木材与木桥的关系而已。《周礼》记载:“咸鹾实天人互成,或刮于地,或风于水”。在中国古代,称自然盐为“卤”,只有人力加工过的盐,才是真正的食用盐。盐,性寒,味咸,为海水、盐井、盐池、盐泉中的水,经煎晒而成的结晶。凡海盐、井盐、湖盐、岩盐都可以食用或药用。食用盐为烹饪调味要品,食调五味;药用盐能解毒性,和脾胃、消宿食,助胃脏,坚筋骨。

战国时期齐国的名相管仲说过:“请君伐菹薪,煮海水为盐。”古书《史记·平准书》记载:“愿募民自给费,因官器作煮盐。”这说明了盐的制作方法,自古已有。古时,煮海熬盐,都是依靠原始的工具来进行的。如纳潮,就是按海洋潮汐的规律,不失时机地把高浓度的海水纳入盐滩,然后,再逐步提高卤水的浓度以至达到饱和状态,将它放入结晶池,经过日光照射后,使之结成晶体。每年春、秋、冬三季放进海水,待来年春、秋两季集中扒盐,这种“制泥溜卤,煮海晒盐”的过程,沿袭几千年。但是,食盐的提炼过程,关键在于“煮”,让海水变成盐粒,因为天生的叫卤,人造的叫盐。

过去,盐可以用来交换贵重物资,带动当地的经济繁荣,造福百姓;而产盐区往往又成为兵家争夺之地。夏、商、周三代,盐与其他土产一样,由渔民自由开采、售卖。到了公元前的春秋时期,齐桓公推出“官山海”,实行由国家对食盐生产、销售的统一管理,垄断盐业,终于取得“九合诸侯,称五雄霸”的政绩。自从盐业有了相应的管理机构出现,便有了盐官管理。西周时期,设掌盐政之官,史书《周礼·天官》载:“盐人掌盐之政令,以共百事之盐。”

当时，古代人由“太宰司理物质，征盐以致国用。”春秋时代齐国宰相管仲，开创了食盐官营制，办中国盐法之始。首设盐官煮海，以渔盐之利而兴国，在《海王篇》中“十口之家，十口食盐，百口之家，百口食盐。”并主张“煮海为盐，富国裕民。”盐可与菽粟并主，不能一日少缺，且无他物可代。大臣桑弘羊发表《盐铁论》，力陈盐铁由朝廷控制的必要性。从此，管仲为专卖之鼻祖，以“盐铁”通利天下。

管仲，原名夷吾，因齐桓公拜相，尊其号曰仲父，后来国人不分贵贱，均不敢犯夷吾之名，皆称仲。齐桓公元年(公元前685)，齐桓公任用管仲为辅佐。管仲着力于发展经济、增强国力，他根据齐国丰富的盐铁资源，提出了“官山海”的主张，即将山上的铁、海中的盐收归官府管理，其中对盐创制了食盐民产、官收、官运、官销的官营制度。从此，当时政府实行官盐专卖，禁止私产私营。如果有人私自制盐，会受到左脚趾割掉的刑罚。

《周礼·天官·盐人》记述盐人(掌管盐之官政)管理各种用盐的事务。祭祀要用苦盐、散盐，待客要用形盐，大王的膳馐要用饴盐。

政府立了盐法，老百姓的食盐供应有了规定。《管子》云：“凡食盐之数，一月丈夫五升少半，妇人三升少半，婴儿二升少半。”管仲建立食盐人口州籍，将全国各地人口详细登记，官府按时按州籍卖给食盐，保证了国家“稳定盐利”。管仲的经济思想到现在仍有一定的借鉴意义和作用。

西汉武帝元狩四年(公元前119年)，御史张汤进言

说："笼罗天下盐利归官"，于是，汉武帝刘彻即立盐法，禁私营，实行盐铁专卖，设本司农总管盐铁事务。由政府募民产盐，官收、官运、商销。唐朝采用保护盐业的政务，"用盐权以资国用"，用为国家财政收入。从唐至明清，盐赋收入占国家财政收入的1/3～2/3。元代人说："国家财富，盐利为盛。"盐赋占当时国家总收入的80%。就盐业专卖来说，国家每月能获得一笔数目可观的收入，因为人人每天都要吃盐。明清两代实行"专商引岸"制度。"引岸"即用国家盐官发给盐商凭证到指定盐场买盐叫作"引"，指定地区卖盐叫"岸"。世代承袭，直到民国时期。国民党政府以征收盐税为名，横征暴敛，造成盐价倍涨，导致"斤盐担谷"的可怕现象。

早在古代"天下之赋，盐利居半"，盐税历来在国家财政收入中占有重要地位。"中国的盐务历来由中央统治机构直接管理，汉代由中央政府的大司农管理，唐代由户部管理，宋代特设提举盐事司管盐，元代由中书省管理，清代设巡盐御史。中央下面有专门的、严密的管理体系，地方官员不得插手。销售则由盐务管理机构选定，批准的盐商经办。普通百姓如果违禁制盐、运盐、贩盐，则要受到重处"（夏业良《中国盐业札记》）。毛泽东同志在《关于发展盐业的报告》中指出："盐是边区的很大富源，是平衡出入口，稳定金融，调节物价的骨干"，因为"盐又是政府财政收入的一个重要来源，故对于边区有着非常重要的作用"。

古往今来，盐业一直为朝廷所垄断。司马迁曾经在《史记》记载："兴渔盐之利，齐以富强。"也是说，齐国是以盐兴国的。齐国因鱼盐生产，“用管仲之谋，通轻重之权，缴山海之业，以期诸侯，用区区之齐，显成霸名”（《史记·平淮书》）。西汉初，汉武帝高祖刘邦的侄子刘濞就靠煮盐获利，富可敌国，便起兵造反，争夺皇位。由此，盐为“立国之本”，历代封建王朝和政府统治独霸盐业，把盐作为开辟财源、安邦治国的专卖物。历史上许多盐官，都是一些万贯家产的盐商，他们与官府勾结，以夹带私盐，掺沙兑泥等手段牟取暴利，所以，古往今来，食盐一直为封建政府和专利商人所共同垄断，成为发家致富之路。春秋战国时，谁掌控了盐，谁就会国家强大起来。第一个盐商是鲁国人猗顿，他原是著名的大手工业者和商人，为山西地区手工业和商业的发展，起了很大的推动作用。后来，他在郇国经营食盐十年，成为一名大豪富，与陶朱公范蠡齐名，旧有“陶朱、猗顿之富”的说法。

传说古代有位名叫清清的寡妇，就因为经营制盐业（井盐）而发财致富，曾经支援过秦国的战争费用。后来，她死后，秦始皇在四川修筑“怀清台”，以表缅怀之情。1900 年，义和团运动被清朝政府镇压后，英、法、德等八国联军入侵中国，强迫清朝政府签订丧权辱国的《辛丑条约》，规定中国向他们赔偿海关银子 4.5 亿万两，年息 4 厘，分 39 年还清，本息计 9.82 亿万两，以海关税和盐税作为抵押。1913 年，以卖国大盗袁世凯为首的北京临时政府向英、法、德、俄、日等五国银行签订借款合同，借款 2500 万英镑，其条款中不仅规定要以盐税作为抵押，还聘请外国人协助管理盐税的征收工作。这样，严重出卖了我国盐政主权。

长期以来，各国盐业与国家政权之间组成一种特殊的利益关系，由于盐业对国家经济制度的巨大影响，日本、印度的就场专卖制，意大利、土耳其、罗马尼亚的部分专卖制，奥地利、瑞士、突尼斯、匈牙利的全部专卖制，美国、俄罗期、丹麦、挪威、西班牙、葡萄牙、加拿大、秘鲁等国的关税制，德国、法国、荷兰等国的就场征税制等，都是盐业对国家而形成的制度文化，加强了盐在流通领域实行政府专卖制度。

自古以来，盐历来被人们视为“生民喉命”。由于社会生产力不发达，国家财政收入主要依靠田赋和盐利税，“天下之赋，盐利居半”，说明盐在政府财政中占有极为重要的地位。

盐是关系国计民生的重要产品，既是生活资料，又是生产资料，它与人们饮食生活息息相关，是每日不可缺少的特殊物资。由于盐的特殊重要性，历代政府加强盐业管理。一方面对盐的生产和销售课以重税，为其带来巨额的财政收入，另一方面用掌握盐的供应来控制人民的反抗。几千年来，武装运盐，械斗抢盐，商贾倒盐，土匪抢盐，使平民百姓流过多少血泪，有过多少辛酸。因为盐积累起了巨大的财富，它也引来无数的掠夺者。由此，食盐成为许多国家人民举行夺盐的武装起义的导火线。古今中外，许多战争都是为争夺盐和井盐产场而爆发的，又是因为缺少盐而失败的。在我国，“北京人（指当时的北洋军阀政府），为了偿付战费，抬高盐价，人民由此发动暴动”（朱德）。蒋介石四大家族，凭借军事政治权力，通过官运、官卖两个阶段，实现了盐业运销官僚资本化，通过

全国的金融和盐业中饱私囊。

在国外，当拿破仑从俄罗斯撤退时，成千上万的法国军队并非死于致命的伤病，而是因为没有食盐，不能制造和使用消毒剂进行消毒而死去。不仅医疗方面需要食盐，士兵的日常食物需要盐，骑兵的马匹、驮运装备辎重的马匹及供部队食用的牲畜也需要食盐喂养。由此，他们认为："没有食盐的战争是使人处于绝望境地的失败之役。"早在第一次国内革命战争时期，毛泽东同志撰文指出："因为敌人的严密封锁，食盐、布匹、药材等日用必需品，无时不在十分缺乏和十分昂贵之中。"

井冈山斗争时期，毛泽东同志曾经把红军每人每天3钱食盐作为苏区经济工作的重要内容来抓。抗日战争时期，毛主席在陕北非常关心边区的食盐问题。当时的战争环境，食盐是十分昂贵的，成为国民党军队封锁我军生活的战略物资。

1942年，毛泽东主席在延安发表了《关于发展盐业的报告》指出"盐是边区的很大富源，是平衡出入口、稳定金融、调节物价的骨干""盐又是政府财政收入的一个重要来源，故对于边区有着非常重大的作用。"

在粤、闽、赣三省，一块银元可买100多斤谷物，但难买到1斤盐。有民谣曰："莫道盐城皆是盐，白盐胜银价比天。"在电影《闪闪的红星》中，群众为了支援山上的红军，曾经把食盐藏入竹筒里，躲过敌军的封锁，冒着生命危险，偷偷地送上山。

过去，由于封建社会的生产力低下，人们产盐的原始方法主要是天日曝晒，自然结晶，人工采捞。而煮海熬

盐，都是依靠简陋而落后的劳动工具来完成。盐的提炼过程，关键在于“煮”或“晒”两大过程，最后，让海水变成晶莹洁白的盐。

人类寻找盐的最初一个方式，就是跟随动物的踪迹，因为它们最终会走到可以舐盐的盐渍地、盐水泉或者其他有盐的地方。人类就这样向动物学习，循着鹿、牛和羊等动物的脚印，发现了自己所需的宝藏。

以前，人们用各种各样的办法来获得盐分，早在铁器时代，英国人就开始将海水装入黏土罐中，在火上加热，通过蒸发提取其中的盐分。罗马人开始用衬铅的大锅煮海水来生产盐。中国人则采用晒卤法制盐，在海滩就地取材，将沙子摊晒在地面上，洒上海水，太阳把海水蒸发之后，盐分附着在沙子上，再收集这些沙子用海水洗灌，成为液卤，最后注卤于锅，煎熬成盐。

二、形形色色的盐种

盐是地壳中普遍存在的物质，它易溶于水，常年被雨水冲刷、溶解，带进河中，又流入大海，使海水中的盐分越积越多。地球 3/4 的面积是“无穷无尽”的咸咸的海水，大海是盐的故乡。据科学家统计，每年从陆地流入海洋之中的盐，大约有 1.1 亿吨。全球海洋中所含的盐，估计在 4500 亿吨以上。有人曾经推算，如果把海水中所有的盐分都提取出来，铺在陆地上可得到厚 153 米的盐层。如果将全部盐铺在中国国土上，可使地面平均高出海面 2400 米左右。

目前，全世界每年产盐量在2亿吨左右。其中70%以上是从海水提取的。海水中的总盐度为3.5%，浓度为3.5Be(波美度)，即1千克海水中含盐量为35克，因此，海洋是一座取之不尽的盐资源。长期以来，海盐的提取，是在气候和地质条件适合的海边开发盐田，依靠日晒，自然蒸发或盐灶煎熬，使盐分结晶析出，类似这样的盐田，在世界许多地方的海岸边都有，如亚洲的中国、韩国和印度，大洋洲的澳大利亚，北美洲的美国，欧洲的地中海沿岸等。海岸边都有大片盐田，在我国，有辽宁、河北、山东、江苏、浙江、福建、广东7个省都产海盐。

盐的资源极为丰富。据美国第四届科学讨论会报道：世界盐的总储量为6.4×10^{8}多亿吨，其中海盐(包括海底沉积物的含盐量)为4.3×10^{8}多亿吨，矿盐为2.1×10^{8}亿吨，河湖和地下水的盐为3100亿吨。中国盐的资源较为富足，海盐分布在东部沿海地区，沿由北向南的18 000多公里的海岸线，包括辽宁、天津、河北、山东、江苏、浙江、福建、广东、广西、海南、台湾等省、市、自治区，已形成的海盐生产能力达2000万吨/年以上，海盐产量居世界第一位。湖盐分布西北部地区，包括内蒙古、新疆、青海、甘肃、宁夏、西藏、陕西等省、自治区。井矿盐主要分布在中西部地区，包括四川、重庆、云南、湖北、湖南、江西、河南、安徽、江苏等省。其中湖南衡阳地区及周边地区是世界上最大的岩盐储藏地之一，已探明的储量，按湘衡盐矿现在开采的规模可采1000年以上。

中国的盐，按产地来区分，分别为芦盐(天津、河北产)、淮盐(江苏产)、闽盐(福建产)、鲁盐(山东产)、雅盐

(内蒙古产)、大青盐(内蒙古产)、川盐(四川产)、粤盐(广东产)、辽盐(辽宁产)、湖盐(湖南产)等。

在我国,有形形色色的盐,盐的历史悠久,盐的资源丰富。按照其资源分为海盐、池盐、井矿盐三大类。①海盐是海滨地区以海水灌注盐田,然后蒸发而成的,产区主要集中在河北及天津、辽宁、山东、苏北,包括渤海的长芦盐区、辽宁盐区、山东盐区等;②池盐是由内陆的咸水湖或盐湖湖水蒸发而成的,多产于青海、新疆、西藏、宁夏和山西等省和自治区,以山西运城等地最为著名;③井矿盐是由海水沉积物被地壳变动埋藏在地下的“化石盐”,多产于川、湘、鄂、赣、皖5省,以四川自贡盐所产为最佳。

明代著名科学家宋应星在《天工开物》一书中,列出一个章节《作咸》,详细记述我国食盐的种类、产地及提取技术。他说:“天有五气,是生五味。润下作咸,王访箕子而首闻其义焉。口之于味也,辛酸甘苦经年绝一无恙。独食盐禁戒旬日,则缚鸡胜匹,倦怠恹然。岂非‘天一生水’,而此味为生人生气之源哉?”这句话的意思,自然界有五气,会产生五种味道。水性渗透地下,具有咸味一事,周武王访问王箕子,才明白此理。对于每个人来说,五味中的辣、酸、甜、苦,如果长期缺乏这四种,则对身体没有多大影响。但是,唯有盐不能缺少。10天若不吃盐,人就会像得了重病一样,疲倦无力,连抓只鸡都抓不住。这说明一个道理:自然界产生了水,水中产生的咸味,正是人类生命力的源泉吗?

宋应星还分别介绍海水盐、池盐、井盐、末盐、崖盐等盐的制作方法。尤其是海水盐,举例三个方法,都是古老

的煮海成盐的人工提炼过程。

据史书记载："盐之所产不同，解州之盐风水所结，宁夏之盐刮池得之，淮、浙之盐熬汲；川、滇之盐汲井，闽、粤之盐积卤。淮南之盐煎，淮北之盐晒，山东之盐有煎有晒。"《明史食货志·盐法》较全面概括了全国各地产盐的生产方式和不同盐种。另外，《周礼·盐人》载："祭祀，共其苦盐，散盐，宾客，共其形盐，散盐；王之膳馐，共饴盐，后及世子亦如之。"苦盐即自然盐，味淡，稍苦；散盐即海盐，味咸；形盐、饴盐即岩盐或池盐。古代食盐的品种除海盐、池盐、井盐、饴盐外，居住在我国东北地区的肃慎族（后称女真族），还生产树叶盐，古代西戎（西北部少数民族）则生产光明盐，在我国史书中，还有青盐、红盐、绿盐等详细记载。一些医书上也说有"色红白，味甘，状如方印"的印盐，有"颗大如斗，状白如玉"的石盐，有"大而青白，可入药伤"的戎盐。如唐代《北户录》载："恩州有盐场，色如绛雪，琴湖池桃花盐，色如桃花，在张掖西北。"明朝李时珍《本草纲目》云："青盐池出盐正方半寸，其形如石，甚甜美"。"交河之间掘碛下数尺有紫盐。"我们平常到海边，看见的海盐大部分是白色，也有黄褐、灰褐、淡红、暗白色。湖盐有青色、白、红、蓝，像彩虹在晶体中闪光。岩盐（矿盐）纹饰绮丽，红、黄、灰、青、绿、紫，五颜六色混在一起，一块块岩盐像奇光异彩的宝石。其实，纯盐是白色的，常见的盐是许多小晶粒组成的晶簇，表面和内部含有母液及其他矿物质为灰白色。食盐外貌呈现光怪陆离的颜色，是因为晶体里混进杂质的缘故。杂质看起来十分微小，却改变了食盐的本来面目。此如海盐，由于

照在食盐表面上的光线，沿着盐粒晶体表面或是裂缝面互相衬映反射，人的眼睛往往被食盐的假色迷混了，本来是无色透明的盐，都看成为白色的。在著名的茶卡盐湖，有浅蓝透明的玻璃盐，粉红浑圆的珍珠盐，洁白细长的粉条盐，淡青闪亮的宝塔盐，乳黄瑰丽的菊花盐，还有花盐、晶珠盐、珊瑚盐、钟乳盐……千姿百态，格外耀眼。盐种之多，胜不胜举。现以几种比较常见的盐种为例介绍。

1. 海盐　是一种古老的盐种，它是以海水灌注盐田，然后蒸发而成的盐。也是用铁锅煎煮海水，或在海边滩池晒干海水所得的盐种。海盐一般分为煎盐和晒盐，无论是煎是晒，都要先制卤。从宋代至今，基本采用传统的生产方法：即晒灰、淋卤、取卤、煎晒、成盐五道工序，也就是说，海盐的日晒法的工艺流程一般要分为纳潮、制卤、结晶、收盐四大工序。而煎盐与晒盐又分别不同。

(1)煎盐：在储卤池边设个灶房，当卤水煎沸，水汽蒸发，盐开始凝结时，再加一些温卤或放入一些皂白、白矾、米粉、麻仁一类的东西可以制出晶莹的盐。“请君伐菹薪，煮沸水为盐”(《管子·轻重甲》)。

(2)晒盐：每年时逢潮涨，用戽斗或水车引海水入蒸发池，经过晾晒和浓缩，晒制成盐。“有甃砖作场，以沙铺之，浇之滴卤，晒于日中，一日可以成盐，莹如水晶，谓之晒盐”。明代宋应星的《天工开物》比较详细地记下这个工艺流程，主要分为两步流程：一制卤，二煎炼。先讲制卤，有两种方法。地势较高的盐田，潮面不能完全淹没，先在地上铺一层过厚的稻麦或苇芦灰，压平；潮水至后，使柴灰吸饱了盐分。第二天退潮，扫取灰盐，准备淋卤。

潮面完全可以淹没的低盐田，“先掘深坑，横架竹木，上铺席草，又铺砂于席苇以上。俟潮灭顶冲过，卤气由砂渗下坑中”，再取卤水；至于淋卤的方法，是挖深、浅两个坑。在浅坑上用竹木架席，席上铺着扫来的盐灰，四周围起一个圈子，用海水冲洗盐灰，盐料中的盐分就淋入浅坑中，再引入深坑，成为卤水，以备入锅煎炼。煎炼就是将卤水放在煎盐的容器中，以燃料煎煮，析出水分，使卤水渐厚，成为固体食盐。

我国是以产海盐为主的国家，海盐产量占全部盐产量的75%，居世界海盐产量之首。有漫长的海岸线，生产原盐历史较长，其中以长芦盐场、山东盐场、辽宁盐场、淮北盐场产量最多。在我国辽宁、河北、天津、山东、江苏、浙江、福建、海南等主要海盐产区的产量占全国产盐的80%，我国海盐生产能力已达1700多万吨。

2. 井盐　是海水沉积物被地壳变动埋藏在地下的“化石盐”。早在巴蜀时期，人们就开始利用自然盐泉提炼原盐，它是在地壳中以液体形式存在，又通过钻井汲出盐水提炼的盐种。公元前250年，李冰为四川太守时，“又诀齐水脉，穿广都盐井诸陂池，蜀于是盛有养生之饶焉”。在成都一带开凿盐井，揭开开采地下卤水的新篇章。首先，识水脉，凿盐井，支井架，以滑轮提取卤水，以枕筒绕山梁。当盐卤水从井中自行涌出来后，靠人挑船运再送到锅火煎熬，直至成盐粒。古时有人诗咏：“伏流滋白泉，熬波能出素。朝烟夹山峰，昏烟遮市雾。愿烟不化云，散作天浆注。帚地若成盐，和气生处处。”真是井灶成林，浮烟如云。“炉火炕铺万吨银”。据调查，自贡井盐

蕴藏量为世界第一，还能开采 2000 年，素有“千年盐都”之美称。

井盐的生产分为采卤和晒盐两个环节，古代提取天然卤汁的方法多为提捞法，现代则有气举法、抽油采卤法、自喷采卤等方法。在井盐（岩盐）型矿区大多数采用钻井水溶开采方法，有的采用单井对流法，有的采用双井水力压裂法。古代井盐制盐采用煎法，与海盐煎法相似。

3. 岩盐　是以石盐矿石为主的可溶性矿物形成的岩石，它是自然界的一个盐种。多埋藏在地下 300～2000 米处，只有新疆阿克苏等地盐矿露出地表。它是在地壳中以结晶体存在，通过开采或钻井，灌入淡水待溶化，又提出卤水提炼的盐种。古人开凿斜井直接采出矿石，在地面化卤煎制，或者利用采出石膏后的矿洞，注水浸泡，再将洞水汲出，用锅煎制成盐。岩盐最早产于新疆、云南、西藏等地。据《水经注·江水》载：“朐忍县（今四川省云阳县）入汤口四十三里有石，煮以为盐。石大者如升，小者如拳，煮之，水竭成盐。”由此可知岩盐是通过煮制获取的。

4. 池盐　又叫颗盐，是从天然的盐池中采收的固体盐。自然界存在一些咸水淤积的盐池，经天日蒸发浓缩成盐。我国最著名的池盐产地，是山西运城的盐池，即解池。宋应星的《天工开物》载：“池水深聚处，其色绿沉，土人种盐者，池傍耕地当畦陇，引清水入所耕畦中，忌浊水，参入即淤淀盐脉。凡引水种盐，春间即为之，欠则水成赤色。待夏秋之交，南风大起，则一宵结成，名曰颗盐，即古志所谓大盐也。”池盐产地为山西历史最长，产量丰富。

5. 精制盐　是一种科学提炼、品质优良的新盐种。具体制盐方法：先将粗盐在化盐池内溶化成为饱和溶液，经过滤水池滤去泥沙后送到卤水池，用抽水机抽送到卤水柜，再用铁管将其依次输送到各厂的预热釜和蒸发釜，用火蒸发卤水，即结晶成盐。用铁耙将这些盐耙至一处，以铲子将其捞出，先堆积于湿盐堆积仓库，后入烘干池，烘干后用筛盐机筛去盐块，其细者即为精制盐。

随着社会的前进和科技进步，食盐不仅满足人们的烹调调味需求，而且具有保健和滋补等功能。我国食盐的品种由中华人民共和国成立初期的单一品种发展到现在的调味、保健、载药、营养四大系列。有关部门按照不同人群的生活需要，降低食盐氯化钠的含量，从调味和保健两个方面来调整食盐产品结构，以食盐为载体，添加钾、钙、铁、锌、镁、硒等人体所缺乏的微量元素，研制出并推出食盐新品种，有几十个品种，如调味盐有五香盐、药椒盐、胡椒盐、辣味盐、生姜盐、大虾盐、海味盐、麻辣盐、肉类调味盐、旅游盐等高级餐桌盐；而保健盐有加氟盐、加碘盐、海群生药盐；非日用盐有沐浴盐、浴足盐、沐面盐、洗涤盐等盐种。在日本，多品种盐已占食盐总摄入量的15%，品种多达上百种；在美国和西欧等国，多品种盐所占比重也都超过了5%。

1. 平衡盐　以低钠盐为基础，加入钾、钙、镁、铁等营养素，维持人体体液钾、钙、镁离子的平衡，具有保健作用，是新一代低钠盐，适用于普通人群。

2. 孕贝盐　按合理比例，特别补充了钾、镁、钙、铁、锌、维生素 B_2、碘、赖氨酸、牛磺酸等营养素，适用于孕产

妇、婴幼儿。

3. 自然晶盐　以深海洁净海水加工而成，保持深海内有益无机盐类，内含钾、钠、镁、碘等海洋生命元素，适用于追求高质量生活者，用于星级宾馆、饭店。

4. 蒜盐　加入大蒜，具有健胃，增强食欲，消炎灭菌等保健功能，适用于风味盐爱好者。

5. 菇盐　加入香菇并保存香菇多糖的解毒成分，含人体所需氨基酸、维生素及微量元素，可增强免疫能力，适用于风味盐爱好者。

6. 餐桌盐　锥状瓶装的食盐，它通过调控内外出料口的方式来均匀加盐，食时加盐是营养学家推崇的限盐方法，适用于减肥者。

全世界有 110 个国家和地区生产各种盐，全球每年盐产量在 20 000 万吨左右，美国、中国、俄罗斯、德国、加拿大、印度、澳大利亚、墨西哥、英国、法国为世界十大产盐国。美国的盐产量和用盐量均居世界第一位，中国居第二位。但是，中国的海盐产量位居世界第一位。在世界总产量中，岩盐位居首位，依次是海盐和湖盐。美国、加拿大、德国、美国、波兰、荷兰等国均以岩盐为主。中国、印度、澳大利亚、墨西哥等国家以海盐为主。德国、意大利除岩盐外，海盐也占很大比重。俄罗斯除岩盐外，湖盐也占重要位置。

我国是一个盐资源丰富的国家，有制盐企业 500 多家，原盐年生产量约 4100 万吨。原盐生产企业中，原盐定点生产企业 120 家，食盐年生产量约为 1700 万吨。我国需要纯碱、烧碱工业盐约 2000 万吨，两碱以外的工业

用盐约 350 万吨，食盐 700 万吨。除供应国内市场外，每年大约出口工业用盐 60 万吨，食盐 40 万吨。

三、盐业风俗及宗教现象

古往今来，古老的盐业产生浓厚的文化底蕴，也流传着许多脍炙人口的盐业风俗、盐业诗歌及生活趣事。

古时，有个名叫张羽的勇士，他在海边架起神锅，煮起海水，煮得大海沸沸扬扬，惊动了深宫龙王，迫使他交出龙女。最后，龙女与他喜结良缘。张羽煮大海煮来了美好的爱情，也煮出了人类赖以生存的食盐。因此，便有了夙沙氏煮海水熬为盐的传说。食盐是煮出来的，已成为不争的历史事实。从前，我国许多地方曾经流传一些如“白鹿饮泉”“牛舐地出盐”“群猴舔地”等民间故事，表达人们盼盐惜盐的良好心愿。相传古时，四川省元谋县的西邻大姚县，有一个彝族姑娘牧羊时，看到羊群跟着带头的白羊，在一块潮湿的地上舐土，她在当地掘井取得了盐水，因为是白羊带头发现，就叫白羊井，后来改为白盐井。

据《清一统志》载：“唐有李阿召者，牧黑牛欲于池，肥泽异常，迹之，池水皆卤泉，报蒙诏开黑井，井民世祀之。”在发现 1800 万年腊玛古猿化石的禄丰西边，还有一个黑盐井。传说古时，有一位牧童看到一头黑牛常来这里饮水，身体肥壮，光泽异常，彝族人尝了泉水，发现有咸味，取卤水浇在火塘木炭上，黑炭上都是白盐。因为盐泉系黑牛发现，就叫黑盐井。这个火把和盐联系在一起的传

说，可以说是盐文化的萌芽。黑盐井附近还有一个猴井，传说中，古时彝族人看到有猿猴经常来这里饮盐水，因此得名称猴井。其实，人类找到盐，真正与动物有关。美国作家马克·科尔兰斯基在《盐》书写道："人类寻找盐的最初一个方式就是跟随动物的踪迹，因为它们最终会走到可以舐盐的盐渍地、盐水泉或其他有盐的地方。"

我国的象形字十分丰富，赋予无限的想象力。仓颉造字，赋予汉字许多令人看得见又摸不着的文化魅力。古代繁体字"鹽"，是一个由三部分组成的象形文字，下面那部分表示工具，左上是一位朝廷官员，右上是盐（如下图所示）。说明盛物的器皿中有人在煎卤，也表示国家对产盐的控制。俗话说："天生的叫卤，人造的叫盐"，说明盐是卤水提炼出来的结晶。而甲骨文的鹵字，是人们在高空俯视人工盐田晒卤制盐得到的象形文字。在中国的传统文化中，盐也称为"国之大宝"（《三国志·卫凯传》）。《史记卷·五帝本纪第一》载："蚩尤作乱，

财政纪律不用帝令。于是黄帝乃征师诸侯，与蚩尤战于汤鹿之野，遂禽杀蚩尤。"《孔子三朝记》载："黄帝杀之（蚩尤）于中冀，蚩尤肢解，身首异处，而且血化为卤，则解州盐池也。因其尸解，故名其地为解。"而且，蚩尤被黄帝追而斩之，血流遍地，变为地卤，因蚩尤罪恶深重，故百姓食而其血。五千年前，炎帝部落与来自河北的蚩尤九黎部落发生冲突。蚩尤部落人强马壮，武器精良，善于凶猛作战，先是蚩尤用武力击败了炎帝部落的人，占领了九州；

黄帝立即联合其他一些氏族，利用天气变化，击败了蚩尤部落的士兵，生擒了蚩尤，捍卫盐池重地。也就是说，黄帝与蚩尤的逐鹿中原之战，是因争夺盐而引起的。传说归传说，但是由此可见，盐被人投以感情的色彩，成为人们表达喜怒哀乐的神圣的灵物，崇拜的偶像。然而，不同的时代，不同的国家，不同的民族都有自己特有的奇异风俗。通过这种文化现象，可以反映人们扬善惩恶的人生观和伦理观，寄寓良好的愿望，寄托美好的未来。

自古以来，宗教是世袭流传十分盛行的，多少朝代，善男信女，上庙进香，入寺烧纸，跪拜塑像，以祈祷风调雨顺，天下太平。在中国，最有代表性的盐业庙宇中，当数“盐神庙”。它坐落在“天府之国”四川的罗泉镇，堪称为世界奇庙。相传春秋时期，管仲被齐桓公任命为卿后，他大力发展经济，利用官方力量发展盐铁业，制定中国盐政首部大法——《正盐筴》，提出课收盐税的方法和标准，成为管理盐业的祖师爷。为祭祀春秋管仲治盐兴国，1868年，由盐业主钟氏集资达1.8万两白银筑建的盐神庙，从清朝至今，游客不断，香火缭绕。我国人民历来尊师敬神，各行各业的艺匠人都重视师艺上的师承关系，崇拜自己本行业的祖师爷。如木匠有鲁班，医生有扁鹊，酒仙是杜康，诗圣是杜甫。那么，盐神则是管仲了。其实，中国盐业的行业神比较多，既有黄帝臣宿（夙）沙氏、李冰、张道陵，又有梅泽、开山姥姥等。

1. 宿沙氏　宋朝罗泌《路史·后纪四》载：“今安邑（山西夏县）东南十里有盐宗庙……夙沙氏煮盐之神，谓之盐宗，尊之也”。北宋初年的《太平寰宇记》卷四十六

《河东·解州·安邑县》引吕枕的话说:“宿沙氏,煮海,谓之‘盐宗’,尊之也。以其滋润生人,可得置祠”。《太平御览·世本》称:“宿沙氏作盐”。下注说:“宋志曰:宿沙卫,齐灵公臣。齐滨海,故卫为鱼盐之利。”由此,宿沙氏是山东半岛一个部落的首领,又有人说他是炎帝(神农氏)的“诸侯”。因他发现煮海为盐而有功,不仅在山西运城,而且在江苏一带仍被人奉为盐宗。

2. 张道陵　在四川自贡地下到处是“化石盐”,张道陵发明凿井汲盐,取名为“陵井”,此井直到唐宋还在大量出盐。盐工们凿开时,总要将张道陵的牌位,供奉在井旁,焚香祭祀,祈求他为盐井保护神。

四川自贡的“自”和“贡”两个字,来自于“自流井”和“贡井”的两个著名的盐井。这里,有丰饶的盐卤资源,独特的井盐生产,精湛的工艺技术,繁荣的盐业经济,宏伟的盐场景观,还有众多保持完好的盐业遗址、现场、文物、史籍。自贡有着2000年井盐生产历史,走过了因盐设镇、因盐设县到因盐设市的道路,终于成为国家级历史名城,有着“千年盐都”之美称。1959年10月1日,当年时任中共中央总书记的邓小平同志到自贡视察工作,参观一些盐场井灶旧址,知道自贡生产井盐的悠久历史,提出建立盐业历史博物馆。之后,中共自贡市委积极筹备,将西秦会馆改为盐业历史博物馆,由著名的历史学家郭沫若亲笔题写馆名。从此,自贡盐业历史博物馆,为搜集和管理盐业的生产历史文物资料,开展科学研究,弘扬盐业精神,取得了显著的成绩。如今,它成为国际博物馆协会列举的具有中国特色的七大博物馆之一。

在我国新疆一带，男婚女嫁，保留饮盐水习俗。他们称盐为“土孜”，十分神圣。每逢洞房花烛夜，就会出现新郎新娘争抢盐罐的热闹场合，抢到盐罐，谁以后说话就有分量。还有塔尔流行喝盐水的趣俗，在新人结婚的仪式上，证婚人端来一碗盐水，用左手给新娘喝一口，再用右手端给新郎喝一口，表示两口子以后是同吃同住的一家人。维吾尔族人如果脚踩着盛盐的盐罐或盐粒赌咒，表明是最严厉的形式。如果当着客人的面，将盛盐的葫芦挪个地方，则表示主人已下“逐客令”。在滇西地区，新娘出嫁的马车上必须要有两个筒盐。云南的拉祜族，男方上女方家提亲，除了鸡、米和两壶酒，还要有盐和茶叶，显示男方的诚意和对女方的尊重。

过去，在滇西缺盐情况十分严重。怒江贡山县有个独龙族寨子，有的老人平生未尝过盐味，多数山区农民逢年过节或亲友来时才吃盐。灶膛边上挂一块底子盐，在菜汤熟时，涮上一涮。民间视食盐为珍宝，有些乡村农民把“盐宝”供在神龛上，西盟县佤族把存盐看作是财富，傣族把食盐叫作“白色的金子”，白族把筒盐作为结婚的礼品。

在国外，古希腊吟游诗人荷马，曾经说盐是“神赐之物”。古希腊哲学家柏拉图，也认为盐和水、火一样，都是最原始、最神圣的构成要素。《圣经》将盐比作永恒、忠诚和纯洁的象征，盐是“体现永久”的标志。古希腊历史学家希罗多德曾把盐描写成“威尼斯光彩夺目的财宝。与其说来自香料贸易，还不如说是来自平凡的食盐。”耶稣的门徒马太称那些有福气的人说：“你们是世界上的盐。”

圣经《马太福音》第五章第十三节，将人类的精英、社会的中坚喻为“大地的盐”。基督教的教父手册中把食盐隐喻为耶稣的仁慈和智慧，经常把盐与长寿、真诚和知识联系在一起。在国外，盐是一种有益健康的结晶体，色白质纯，古代希腊人用盐作祭神的贡品，以示虔诚。在希伯来人的祭祀中，盐被用来作肉类净化剂，用盐以昭其诚。《旧约全书》第三章《利末记》中有句话：“在你们所有的奉献中，必须包括食盐”，并宣称“盐的契约永远有效”。因此，历代朝廷官员上朝敬送贡品，自然少不了食盐。在我国夏禹时，盐已被列为贡品，“海滨之斥……厥贡盐希”（《尚书·禹贡》）。

公元一世纪，古罗马著名作家和博物学家盖马斯·普林尼·塞孔都斯（老普林尼）在《自然史》用了几个章节，着重来写盐。他在书中列举了当时所有产盐地区，既介绍了炼盐方法，又强调不同盐的特征等，还有这些盐的特点和用途。他曾经写道：“离开了盐，生活将无惬意可言。盐对人们的生活如此重要，即使是‘盐‘这个名称就足以驱走所有精神上的不愉快！再也没有哪个词能比‘盐’更好地形容生活上的惬意，精神上的极端快乐，以及工作完成后的放松感等。”

《圣经·旧约》书中有一段文字，曾经提到用盐擦拭新生儿的皮肤，可以避免鬼怪的侵扰。在欧洲，古人认为保护新生儿的做法，不是把盐放在新生儿的舌头上，而是把他们放在盐水中浸泡。直到1408年，法国人不再采用盐水浸泡或尝盐的方式，改用洗礼方法。在荷兰，这种做法改为在婴儿摇篮里放些盐。

古代欧洲，敬奉盐喻为“健康之神”。古罗马人将盐称作“有益健康的结晶体”。当婴儿出生后，不吸母乳先尝盐粒，父亲选用干净的盐熬沸，用口水和着细盐，放入婴儿口中，祝福他（她）健康成长。在罗马天主教，至今保留的洗礼仪式中，把少许盐粒吐在对方口中，祝愿他（她）纯洁无罪。坚持奉行独身主义的牧师在饮食中戒盐，因为盐会激起性欲。埃塞俄比亚人常常将盐粒含在口中哄小孩。埃塞俄比亚男女青年初次接吻时，女方把盐粒吐在对方口中，表明两人真心相爱。中世纪的欧洲，在建新房时，首先将盐撒在门槛中，一避邪恶，二图吉祥。在古埃及，人们把盐当作护身符，相信在战场上会安全、定胜，逢凶化吉。在法国一些地区，新郎结婚时必须带上盐迎新娘入门。在德国，新娘的鞋子里边要撒上盐。

在日本，一些山地的房屋建成后举行庆典，有一项活动就是将盐撒在房柱的周围。在传统的日本戏院里，每次演出前都要在舞台上撒些盐，以保护演员不受邪气、恶魔或鬼怪的侵犯。在国外的婚娶和丧葬的习俗中，盐也带些象征性的意义。威尔士人习惯在棺木中放上面包和盐，以此让已故的人安息。古代埃及人在制造木乃伊时使用盐，是避免人体腐烂和维持生命的能力。1822 年，著名诗人雪莱在意大利斯佩齐亚海湾遇难后，遗体火化时，挚友拜伦为他送别，把盐、乳香和酒撒入燃烧的火堆，以此表示自己最诚挚的悼念。

在待客时，用盐是能表达情感的，远方来客人，欧洲一些地方按古老的习俗，把盐当作礼物，被示作最隆重的接待。我国古代人们对外来迁居的新朋友，赠送礼物首

先是食盐。在希腊，对陌生人的到来，先在他右手上放一撮盐以示友好。俄罗斯待客，少不了吃“面包夹盐”食品。著名的意大利画家达·芬奇在他的《最后的晚餐》画中有一只翻倒在叛徒犹大面前的盐瓶，表示叛逆者死亡的下场。古代英国人在餐桌上放着一只很大的盛盐用具，如果有显贵嘉宾，必须坐在盐具上方；而地位低的客人则是坐在盐具下方。座位离盐具越远，就表示人的地位越低。盐是神圣的，如果有人不慎打翻了盐具，就必须捏一点盐放在他的左肩上，因为左边被看成是邪恶的。魔鬼是从那儿设法侵入，只有盐才有法力，正如荷兰人说的：“上帝啊，让我们凭借盐的魔力，去惩罚这些魔鬼吧。”

美国作家马克·科尔兰斯基在他的著作中写道：“丰富多彩的中世纪和文艺复兴时期，法兰西王国的皇家餐桌摆放有巨大的装饰精美的船形盐，珠宝船里盛放着盐。船形盆既是盐瓶，又是‘国家之船’的象征。盐既象征着健康，又象征着保存之道。它所传递的信息，统治者的健康是国家稳定的标志”(《盐》第84页)。

盐在历史上，曾经被当作通货使用。唐代元稹说过：“自岭以南以金银为货币，自巴以外以盐帛为交易。”早在元代流行的云南盐币，都是官方发行，盖有君主印记的，它一直使用到民国时期。英文“薪水”(salary)一词，就是源于拉丁文的“买盐钱”(salariun)，那是指罗马时代发给士兵买盐的钱。法语、俄语中的“士兵”一词，都是从拉丁语“盐”字演变而来的，原意是“买盐钱”；指罗马时代发给士兵买盐的钱。在法国的封建王朝，以盐税充实王家财库，法令规定每个老百姓每年只能购买一定数量的食盐，

并且一再提高税率，而其盐税之高说来惊人，购买一次食盐，要相当于农民的一年收入。罗马帝国时期流行一条谚语："条条大路通罗马。"其中一条大路就是盐路。在古罗马，运盐的道路上，都有军人严密防范。在古代的中东地区，盐十分珍贵，可用来兑换黄金。在非洲的黄金海岸，古代有一段时期，一把盐可以换一个奴隶，少数地区甚至把盐看得比奴隶更重要。6世纪时，摩尔人在撒哈拉沙漠南部贩卖食盐的价格是一两黄金换一两盐，威尼斯商人经常贩运盐到君士坦丁堡去换香料。在东非，用食盐可以换到任何一种商品。中世纪的非洲内陆地区在闹盐荒时，一些家庭为了一把盐，竟将自己的子女卖身为奴。死海沿岸的阿拉伯国家的商人，用盐可以换到黄金、大理石、珠宝作奢侈品。古时的荷兰和瑞典等国家，对触犯刑律的人，规定在一定时期不准吃盐，以作为严厉的惩罚。因为犯人不吃盐，在头几天就会食欲缺乏，大量出汗而虚弱，以后就会手足酸软，四肢无力，身体慢慢地虚脱而昏迷不醒，逐渐走向死亡。也就是说，严惩犯人不吃盐，等于宣告他们的"死刑"。古罗马人在盐矿通往罗马的路上，警卫森严，以防盐贼的掠夺。当时，盗盐是大罪，轻则坐牢，重则处死。史书记载，18世纪偷盐入狱者达1万余人，可见食盐贵如黄金，甚至重于生命。在公元八十八年，日耳曼民族内部的争夺战，哈脱和希连朋都尔两个部落，为了占领和争夺一条产盐丰富的河流而激战不休，互相厮杀，最后，希连朋都尔部落获胜，哈脱部落的人全被杀掉，人头落地，血流成河。在我国，抗日战争期间，日寇封锁食盐进入解放区，有的地方竟用100市斤粮食才

能换1市斤盐。因为争夺盐，曾经发生许多流血战争。

另外，食盐充当货币作用，公元11世纪，意大利旅行家马可·波罗来到中国，他记叙当时盐做交换价值："其所用之货币则有金条，按量补值，而无铸造之货币。小货币则用盐，每块重约半磅。"还说云南产盐："建都产盐，居民煮盐，范以为快，作货币用。"可见盐作货币，在历史上贸易中起到价值尺度的作用。当货币贬值，物价暴涨时，它起到保值作用。即使渐渐破损，仍可自家食用。古罗马和古希腊人最早用盐购买奴隶，如果哪位奴隶劳动不努力，奴隶主就会咒骂："他不值那么多盐。"古时的阿比西尼亚(今埃塞俄比亚)，将盐块称为"阿莫勒斯"，意为"王国之币"。

四、盐诗漫谈

我国是个古老的文明邦国，流传着许多美文佳诗。无论饮酒，或者喝茶，都形成源远流长的文化现象。作为人们每天开门七件事之一的食盐，却极少有人吟唱它、赞美它，缺乏系统的研究和归纳。尽管中国的诗词赋文，浩如烟海，但描写盐业劳动者的作品却极少。像杜甫"汲井岁搰搰，出车日涟涟"的诗，卢伦"潮作浇田雨，云成煮海烟"的诗，都是记述盐民劳作的苦难过程，这样写盐的诗文确实少之又少。唐代刘长卿的《海盐官舍早春》诗，白居易的《盐商妇》诗，杜甫的《盐井》诗，宋代苏轼的《诸葛盐井》诗，范成大的《竹枝词》，王安石的《收盐》诗，柳永的《煮海歌》诗，元代王冕《伤亭户》诗，清朝吴嘉纪《风潮行》

诗，都是中国古代盐业诗词的代表作。在古人的诗赋里，用“玄滋素液”（晋·左思《魏都赋》）来描述卤盐的，用“玉洁冰鲜”（晋·王廙《洛都赋》）来赞美白盐的。在百姓说笑中，在民间史籍上，曾经流传和记载着许多与盐相关的盐船调，盐工号子，咏盐的歌谣和歇后语等，形成在文学艺术方面的盐文化积淀层。

最早的咏盐诗，要数北宋词人柳永的《煮海歌》。在景祐宝元间到明州（今舟山群岛）晓峰盐场做官，为了表达“悯亭户苦”和愤然不平的情感，他写诗咏道：“煮海之民何所营，妇无蚕织夫无耕。衣食之源太寥落，牢盆煮就汝轮征。年年春夏潮盈浦，潮退刮泥成岛屿。风干日曝咸味加，始灌潮波塯成卤。卤浓碱淡未得闲，采樵深入无穷山。豹踪虎迹不敢避，朝阳出去夕阳还。船载肩擎未遑歇，投入巨灶炎炎热。晨烧暮烁堆积高，才得波涛变成雪。自从潴卤至飞霜，无非假贷充餱粮。秤入官中充微直，一缗往往十缗偿。周而复始无休息，官租未了私租逼。驱妻逐子课工程，虽作人形俱菜色。鬻海之民何苦门，安得母富子不贫。本朝一物不失所，愿广皇仁到海滨。甲兵净洗征轮辍，君有余财罢盐铁。太平相业尔惟盐，化作夏商周时节。”柳永（987—1053年），字耆卿，崇安（福建）人，景祐进士，官屯田员外部，为人放荡不羁，终身潦倒，多为作词，仅存《煮海歌》诗一首。作者通过描写古代盐民在春夏时节刮泥溜卤，煮海晒盐的情景，揭示了盐民将“波涛变成雪”的辛劳过程，这是一首现实主义的优秀诗歌。

在元代，王冕是位画家，诗人，字元章，号煮石山农，

诸暨（含浙江）人，他的诗爱写隐逸生活，部分作品能反映人民疾苦，语言质朴，不拘常格。如《伤亭户》诗云：“清晨渡东关，薄暮曹娥宿。草床未成眠，忽起西邻哭。敲门问野老，谓是盐亭族。大儿去采薪，投身归虎腹。小儿出起土，冲恶入鬼箓。课额日以增，官吏日以酷。不为公所干，惟务私所欲。田关供给尽，鹾数屡不足。前夜总催骂，昨日场胥督。今朝分运来，鞭笞更残毒。灶下无尺草，瓮中无粒粟。旦夕不可度，久世亦何福。夜永声语冷，幽咽向古木。天明风启门，僵尸挂荒屋。”此诗描写古代盐民艰难采盐和度日如年的悲伤生活环境，也无情刻画盐亭族的凶恶面孔和残酷手段，读后催人泪下。

明代人郭常五，嘉靖十一年（1531 年）时，任长芦运使，在《悯盐丁》诗中写道：“煎盐苦，煎盐苦，濒海风霾恒弗雨。赤卤茫茫草尽枯，灶底无柴空积卤。借贷无从生计疏，十家村落逃亡五。晒盐苦，晒盐苦，水涨潮翻滩没股。雪花点散不成殊，池面平铺尽泥土……”作者真实地描写了盐民晒盐艰苦辛劳的情景，也描写出当时人们煎晒制盐的真实场景。据清代《如皋县志》记载：“晓霜未晞，忍饥登场，刮泥汲海，伛偻如猪，此淋卤之苦也。暑日流金，海水如沸，煎煮烧灼，垢面变形，此煎办之苦也”。可见当时盐民劳作之艰苦。有人写诗吟之：“暑热躬耕故土田，衣衫湿湿又干干。筵前试向挥金者，知否农民汗变盐”（王书文《汗中盐》）。这盐是咸的，谁知道它饱含盐民的辛勤汗水啊！清末民初，在浙江定海流行一首《盐民谣》：“凌晨出门鸡未啼，头顶烈日晒脱皮。十里海滩挑海水，夜晚回家星出齐。刮泥淋卤堆成山，百担咸泥晒担

盐。官家收盐杀盐价，担盐换米粥一餐。”盐民起早摸黑，辛辛苦苦晒出一担盐，却换来够吃一餐的粥米，可见盐民苦，熬盐更苦啊！

明末清初诸生吴嘉纪（1618—1684年），江苏泰州（今东台）人，蛰居安丰盐场，生活贫困，其诗作抒发忧国之思，咏叹人民疾苦。他写过《海潮叹》《风潮行》和《临场歌》，多是以反映盐民的疾苦为题材，尤具特色。如《海潮叹》诗曰：“飓风激潮潮忽来，高如云山声似雷。沿海人家数千里。鸡犬草木同时死。南场尸粟北场路，一半先随落潮去。产业荡尽水烟深，阴雨飒飒鬼号呼。堤边几人魂自醒，只愁征课促残生。敛钱堕泪送总催，代往运司陈此情。总催醉饱入官舍，身作难民泣阶下。述异告灾谁见怜？体肥及遭官长骂”。这首诗记录了海潮给苏北沿海地区的居民所带来的灾难，并揭露当时朝廷统治者的冷漠和凶残。前八句写天灾，描绘出一幅飓风大作，海潮猛涨，生灵涂炭，屋庐为圩的惨状。后八句写人祸，政府催逼赋税，毫无体恤之心，最后总督述异告灾一段，极尽嘲讽之能事。此诗语言真朴，感情诚挚，体现了诗人的写实情。以性情胜，不事雕饰而自然真切，运用白描手法，使人读来备受感动。“悲哉东海煮盐人，尔辈家家是苦辛。频年多雨盐难煮，寒宿草中饥食土”。“白头灶户低草房，六月煎盐烈火旁。走出门前炎日里，偷闲一刻是乘凉”。吴嘉纪诗学杜甫，风格沉郁，语言苍劲，多是同情盐民，歌颂盐民的劳动生活，在明代遗民诗人颇有特色。

吴嘉纪笔下的“煮盐人”，即盐丁。过去，在大海边垒灶熬盐，灶火不熄，盐丁常年劳碌，经受日晒火烤，衣不蔽

体，食不果腹。盐丁流血又流汗，熬出来的是洁白的盐。他们的生产环境极其恶劣，终日在旷野下超负荷劳动，生活经历十分艰辛。明清时期，有一首《盐丁叹》歌谣，道出盐丁悲苦人生：

“煎盐苦，煎盐苦，煎盐日日遇阴雨。爬碱打草向锅烧，点散无成孤积卤。旧时叔伯十余家，今日逃亡三四五。晒盐苦，晒盐苦，皮毛落尽空遗股。晒盐只望济吾贫，谁知抽羹无虚土。年年医得他人疮，心头肉尽应无补。公婆枵腹缺常餐，儿女遍身无全缕。场役沿例不复怜，世间谁念盐丁苦。盐丁苦，盐丁苦，盐丁苦事应难数。豪商得课醉且歌，总催得钱歌且舞。盐丁苦状类圈羊，群恶宣骄猛如虎。何时天悯涸辙鱼，清波一挽沧溟薄。”

早在元代，民间诗人许有壬以《贾客乐》诗吟之：“鼓声震荡冯夷宫，帆腹吞饱江天风。长年望云坐长啸，移驾万斛凌虚空。主人扬州卖盐叟，重楼丹青照窗牖。斗帐香凝画阁深，红日满江犹病酒”。描写了当时扬州大运河贩盐的繁忙景象。由此看来，盐船的云集，有力地推动了当地盐业的繁荣和盐商的财运。古往今来，盐业是具有鲜明文化特征的经济产业，同时，也是具有鲜明经济特征的文化产业。

对联，因语言精练、遣词典雅、格律严谨、音调和谐，是我国文苑中一朵奇葩。自古以来，盐业也有许多优秀的行业联，不妨欣赏，自得其乐。“调羹和味，取精用宏”“皎洁如凝雪，晶莹似结冰”“象形原盐虎，入馔可腼熊”“堆盘皆玉粒，调鼎尽银沙”“漱口刷牙夸妙用，调冰煮雪费精研”“迹在寄廛聊自得，心存饷国岂容私”“屑玉披沙，

品宜登鼎；熬山煮海，味并调梅”“积雪凝霜同此皎洁，熬波煮海取其精华”。

当今时代，古老的盐业也焕发出青春光彩。“巍巍井架插云霄，钻透岩心索卤苗。惊醒地龙千载梦，长吟天矫看今朝”。无论在盐矿，还是在盐场，那卤液翻腾，硝晶澄澈，涌出千堆雪。“五味名居末，人生谁可缺。殊怜廉价身，皎皎如冰雪。”这雪，就是晶莹洁白的盐。有人夸盐“皎洁如凝雪，晶莹似结冰”；“盐虽逊雪三分白，雪却输盐一味咸”；“烈火煎熬纯且洁，水肌云骨献人间”。又有人撰联赞盐：“尽国宜人功留四海，煎霜煮雪品重调和。”总之，食盐走向寻常百姓家，调羹五味，福利万民，也成为文人笔下的讴歌话题。

五、盐花点点

1. 盐路　我国西部四川的柴达木，出现一条食盐公路，它由盐粒铺成 500 多千米长，任凭汽车高速行驶，也扬不起灰尘，路面格外干净。

2. 盐宫　美国南部得州格兰德萨莱恩镇有一座全部用盐筑造的宫殿，这所建筑物长 12 米(40 尺)，宽 7.5 米(25 尺)，它初建于 1936 年，是当地人利用岩矿建成的，赢得许多游客慕名而来，游览风光。

3. 盐教堂　哥伦比亚的锡拉基腊市，是世界上最大的盐教堂，占地面积达 5500 平方米，上至穹顶，下到地板，乃至墙壁栏杆，还有基圣台，全是由岩盐精雕而成，可以容纳数千人来回走动。

4. 盐湖　柴达木是蒙古语“盐泽”的意思，位于青海湖西边。柴达木盆地有33个盐湖，其中察尔汗盐湖面积达5856平方公里，千里平畴，一片银白。其盐类形状十分奇特，有的像珍珠，有的像花朵，有的像水晶，有的像宝石，格外美丽。这里蕴藏着426亿吨氯化钠，16亿吨氯化镁，1.5亿吨氯化钾，还有大量的稀有元素。

西藏仲巴县的扎布耶茶卡，地处帕江与措勤之间，总面积为235平方公里，湖面海拔4400米，是世界三大锂盐湖之一。扎布耶属于多矿种盐湖矿床，蕴含着相当数量的芒硝、天然碱、锂、钾、硼等多种矿物质，是中国硼砂含量最多的碳酸型盐湖，同时，又是具有超百万吨级的锂矿资源的超大型盐湖。

5. 盐岛　在苏联的波联湾，有个名叫澳尔穆的盐岛，高出海面90米，周长30千米。

6. 盐城　奥比利的维尔卡是一座小镇，也是人们利用盐矿改建的异常别致的地下“盐城”。其中建有一幢五层高的华丽公寓，又有一间豪华舞厅和一座金碧辉煌的教堂，还有一条50千米长的盐路，供国内外游客观光游玩。

7. 盐屋　在中国西部新疆的柴达木盆地，许多人居住在盐屋。它不但坚固耐牢，而且可以储藏食品，为人们健身治病。

8. 盐矿　波兰维利奇卡古盐矿，已经开采达700余年，至今开掘了9层，深达300余米。在17世纪采掘的第一层到第三层，已修建成供人们游览的艺术殿堂。数十个富丽堂皇的殿堂中，珍藏着上百年精美的岩盐人像

雕刻,每年到此参观的游客达七八十万人次。

9. 盐桥　我国北部的察尔汗盐湖,利用盐湖表层盐壳的承受力,就地取材,建成“万丈盐桥”,全长 33 千米,不用沙石、黄土和柏油,既不会下沉,又不会坍塌。

10. 盐树　我国北部黑龙江与吉林交界处,生长着一棵高达 6.6 米(二丈)多的盐树,每到夏季,树干便凝结一层盐霜,用刀刮下,可以代替食盐调味,味道甚佳。

11. 盐人　我国浙江有位村民吕某,年过六旬,他每天用盐送饭,用盐解渴,最多吃过 500 克左右。他吃盐历史已有 50 年,至今身体健康,头发乌黑,还可以挑着 90 多千克的担子走路。

六、盐名种类

盐的化学名称为氯化钠。因为它以食用为主,故而称为食盐。从古今史料来看,盐名有 4 类 100 余种。现搜集起来,举例分述,虽然不能反映历史全貌,但足以能使人可窥一斑。

(一)因产地不同而得名

青州盐:《尚书·禹贡》:“青州厥贡盐稀”。

幽州盐:《周礼·夏官》:“东北曰幽州其利鱼盐。”

解盐:《穆天子传》:天子“戊子王于盐”。郭璞注:盐,盐池,在今河东解县。

齐盐:《史记·齐太公世家》:“太公……使鱼盐之利,而人民多归齐”。

北海盐:《尸子》:“北海之盐”。

吴盐:唐李白诗《梁园吟》:“吴盐为花皎白雪,持盐把酒但饮之。”

魏盐:《宋史·李玉传》:“昔唐代宗虽罪田承嗣,而不禁魏盐。”

川盐:《宋会要辑稿》:“不得带川盐过界”。

(二)以性状而命其名

大盐:《本草经》:“大盐”。

饴盐:产于青海,盐中加麦芽糖而使味美无比。《通典》:“……四曰饴盐”。

苦盐:《周礼·天官·盐人》:“祭祀共其苦盐、散盐。”

卵盐:《礼记·内则》:“挑诸、梅诸、卵盐。”

紫盐:郭义恭《广志》:“五原有紫盐。”

赤盐:晋葛洪《抱朴子》:“作赤盐之法、用寒盐二斤。”

红盐:段公路《北户录》:“恩州有盐场,出红盐为绛雪。”

(三)因来源不同而得名

海盐:《史记·货殖列传》:“山东食海盐。”

井盐:《唐书·地理志》:“蒲江火井有盐。”

池盐:宋应星《天工开物》:“凡池盐宇内有二,一出宁夏……一出山西解池。”

树盐:《晋书·肃慎氏传》:“肃慎无盐铁,烧木作炭。”

岩盐:《宋史·食货志》:“端拱元年,四川盐不足,许

商贩……永康军岩盐，勿收算。”

冰盐：清徐松《西域水道记》：“新疆温宿……土中产冰盐，小者如拳，大者如盘。”

（四）因事件得名之盐

君王盐：梁萧绎《金楼子》：“白盐山，山峰洞彻，有如水晶，及其映日，光似琥珀，胡人和之，以供国厨，名曰君王盐。”

蚕盐：曾仰丰《中国盐政史》：“蚕盐，即在育蚕时期以盐表散于乡村，至放丝时纳钱之谓。”

额外盐：《文献通考》：“皇祐以来，屡下诏书，命亭户给官本皆以实钱，并售额外盐者，给粟帛必良，逋岁课久者，悉蠲之。”

漕盐：《文献通考》：“江湖漕盐既杂恶，又官估高，故百姓利食私盐。”

学士盐：宋孔平仲《谈苑》（卷27）：“石曼卿，五氏婿也，以官职通判海州，满载私盐两船至寿春，托知州王子野货之，时禁网宽赊，曼卿亦不为人所忌，于是市中公然卖学士盐。”

余盐：《续文献通考》：“明正统二年，始命灶丁余盐，给以米麦。”

工本盐：《续文献通考》：“明嘉靖三十二年，增设两淮工本盐。”

以上盐名溯源，可以让我们了解盐业工艺、资源开采、产地分布和历史事件，是个不可缺少的珍贵资料。

过去，盐业研究专家单从自然科学和社会科学两大领域入手，只限于在科技史和经济史两方面，而盐文化就像无人开垦的沃土，尚待耕耘。其实，盐文化的内涵极为丰富、博大精深。在与人类文化发展基本同步的盐业历史演进中，不仅有盐业自身形成的文化积淀，而且有盐业对人类生活多方面的文化投影。在中国文化系列的内容中，都能追寻到盐文化的踪迹，因为盐文化有着显著的地域性、民族性和连续性，有着极强的生命力、渗透力和传播力。盐见证了人类文化的进程，是我们理解历史的钥匙。因为人类智慧灵光的闪现和文化意念的萌生，都是因盐而诱发的、引起的。有人说，如果说人类对盐的追求推进了历史，那么，文明则是沿着盐的轨迹前进的。

盐文化是中华文化的重要组成部分，因为它与中华文化是一脉相承的。中华文化经过几千年的潜移默化，已深入中华民族的血脉之中，成为我国各地域文化的基本骨架。这些文化所表现的不同，只是一方山水养一方人而呈现出的地方特点。如果把中华文化比作一座万紫千红的花园，那么，盐文化就是构成这座花园的奇葩；如果把中华文化喻为一条波澜壮阔的江河，那么，盐文化就是组成这条大江的溪流。

盐文化像漫漫无边的海洋，奥妙无穷。既有形式多样的盐俗，也有内容多彩的盐趣，当你信步盐湖、沐浴盐风、采撷盐花、荟萃盐趣、触摸历史中的隐含的细节，就会发现盐之美，品味到食盐中沉淀的文化。盐文化内容之丰富，影响之深远，它作为区域性的历史文化形态，也是良莠互见，长短并存，需要我们采取理性的、批判的态度，

对古今盐文化进行较为全面的梳理，吸取其精华，抛弃其糟粕。当前，在经济全球化、文化多元化的背景下，我们要紧跟时代步伐，探寻盐业的智慧之光，挖掘与时俱进的现实意义，才利于构造和谐盐业，焕发古老盐文化的迷人风采。

纵观古今中外历史，无论在人类朦胧混沌的亘古时代，或是在风云万变的历史时期，还是在日新月异的当今社会，古老而神奇的食盐不仅是人类赖以生存的重要食物，而且对促进民族及民族文化的形成和发展，有着卓越的功绩，没有任何一种食物与之比拟。

第2章 盐与人体

外国作家亨利·威兰在《一粒盐的历史》书中写道:“说到盐,平常人们只有谈到食物时,才会提到它。盐是一种非常普通的物质,在地球上随时可见,但千万不能因此就忽视它的重要作用!因为盐是大自然馈赠给人类的无价之宝,是人体维持生命存在不可缺乏的物质”。

很久以前,某地一位国王生养了三个女儿,有一次,国王过五十岁生日,女儿们知道后,都争着献上自己的礼物。大女儿、二女儿的礼物都很珍贵,轮到三女儿时,她就拿出一包盐,这让国王很生气。这时,三女儿说:“父亲,我觉得盐是最重要的,如果没有盐,人就会失去生命。我实在不知道还有什么比生命更重要,所以,我想来想去,还是拿这包盐作为礼物最合适。”国王听后,觉得三女儿说得有理,开心地笑了。

对于每个人来说,盐是普通的,又是一份廉价的健康大礼。它是由人体需要的84种元素组成,而且它的比例正好是人体所需要的比例。盐对人体具有许多好处:促进血液循环,加强新陈代谢,清洁消化系统,平衡体内的酸碱度,缓解关节疼痛,治疗关节炎,抑制尿道结石等疾病。

盐是最平凡的,人们天天食用它,却不知道阳光下白

花花的晶体与土壤、空气、水、火一起是构成人类生存的五大要素。在漫长的历史岁月中，其与人类结下了不解之缘。人们对盐的食用，由最初生存的需要、生理的需要逐渐过渡到调味的需要、心理的需要，并发展到成为饮食文化中审美的需要。可以说盐与人类生活密切相关，它的每一颗晶体无不写满了对人类文明历程的诠释。

一、人体维持正常发育需要五大营养素

现代营养科学向人们揭示，人们进食的真正目的，并不是为了单独填饱肚子，而是为了从外界摄入人体生理活动所需要的营养素，人体在正常的生长发育和生存活动中，大致需要 50 多种营养物质，可归纳为蛋白质、脂肪、糖类、维生素和无机盐五大营养素。人体是由骨骼、肌肉等组织组成的，人体必须从食物中获取各种营养素，以维持正常发育，供给能量，保持身体健康和修补损失，在五大营养素中，糖类、脂肪、蛋白质是人体健康所必需的三大营养素。

1. 糖类　又叫碳水化合物，是人体热能的主要来源，它的供给充足，能促进蛋白质合成和利用，维持脂肪的正常代谢和保护内脏，一般由碳、氢、氧 3 种元素构成。

2. 脂肪　其作用是供给人体热能。

3. 蛋白质　是构成人体的最主要成分，促进人体生长发育和修补组织。

4. 维生素　是维护人体健康必需的有机化合物，可调节体内物质代谢的正常运行。不同的维生素，满足人

体不同功能的需要。

5. 无机盐　又叫矿物质，是构成人体组织（血液、肌肉、骨骼），调节生理功能，维护心脏正常跳动和肌肉神经正常活动的必需物质。同时，其会影响蛋白质、脂肪、糖类、维生素等营养素的消化和吸收。

在人体内无机盐元素有 60 多种，在氧、碳、氢、氯、氮、钙、磷、钾、钠、硫、镁等十几种元素中，前四种元素占人体总量的 96%，后 7 种元素占人体总量的 3.5%。另外 50 余种微量元素仅占 0.5%，它们是铁、锌、铜、铬、锰、钴、氟、钼、碘等。

铁是构成人体造血细胞的原料，人体缺铁则会引起面色苍白、头晕眼花、精神疲乏等症状。

碘在人体的主要生理功能为构成甲状腺素，调节机体能量代谢，促进生长发育，如果缺碘则会引起双侧甲状腺肿大。

氯、钠、钾在人体有十分重要的功能，与细胞的水分、渗透压、敏感性、伸缩性、分泌和排泄作用，都有密切关系。氯是一种有剧毒的气体，呈草绿色，有强烈的刺鼻性臭味，生物呼吸过量，即可致死。氯能变为盐酸，调节体内酸碱及水分的平衡。同时，氯又是制造胃酸的原料。钠是一种像蜡一样的金属元素，呈银白色，性能不稳定，游离状态的钠和氯都容易跟别的物质发生化学反应，它们互相起化学反应，就发生燃烧，生成氯化钠。

6. 水　主要作用是维持人体生理活动，调节体温，其又是输送养料和排泄废物的媒介。水在人体的血管和细胞之间，川流不息，可以把氧气、营养物质和激素等送到

组织细胞，又把各种新陈代谢的有毒物质通过大小便、出汗和呼吸道等途径排出体外，在人体组织液中含水量达72%。如果人体水分减少，则会使皮肤干燥，皮脂腺分泌减少，皮肤失去弹性而出现皱纹。每人每天饮水量不少于1500毫升，才能保持进出平衡。这是因为每人每天要丧失1500毫升的水，其中600毫升是经过皮肤蒸发，400毫升随气体呼出体外，500毫升随尿排出体外。

二、盐是人体不可缺少的营养物质

在人们的生活中，盐与蛋白质、维生素、糖类、脂肪和水一样，是人体不可缺少的营养物质。无论人类还是动物，不管是陆生的还是水生的生物体内都含有盐。尤其是人体，盐更是不可缺少的重要物质。一个体重为70千克的成年人，体内有150克盐，血液里含有5%的盐，汗液、淋巴液及脊髓液内含盐量更高些。食盐的主要化学成分是氯化钠，是维持人体正常渗透压的主要因素。它可以使人们身体的渗透压、酸碱度、水盐代谢得到平衡，使神经、肌肉在正常的生化条件下进行工作。盐还是组成人的体内消化液的重要成分之一。一个人的细胞和组织液中，大约含有300克盐。人体不能够缺盐，否则，会影响心脏的正常跳动，引起消化不良，发生肌肉抽筋。夏天如果流汗过多，又不及时补充盐分就会中暑。一个人如果长期缺盐，就会全身软弱无力，影响身心健康，比如，一个人在长时间或长距离的运动中，身体会大量出汗，如果不及时补充水分，就会大量消耗体液，破坏身体的内环境平衡，进而因细胞内渗透压的严重失调而造成中枢神经活动的不可逆变化。一般来说，失去的水分达体重的5%时就会明显影响身体运动。

汗液的主要成分是水和钠、钾、氯、镁、钙、磷等矿物质。当一个人大量运动出汗时，随水分的流失，也会失去很多盐分。另外，大量出汗时除了会失去钠离子、钾离子、氯离子外，还会丢失一定量的镁离子，致使人体对视觉、听觉刺激明显过敏，机体的抵抗力降低。此时，如果单纯补充水分，会导致体温升高、小腿肌肉痉挛、昏迷等"水中毒"症状的发生。因此，一个人运动后要喝电解质饮料即矿物质饮料，最普通的是盐开水。

近代科学研究证明，食盐进入人体后，就分解成钠离子和氯离子，它们在人体内分别有不同的功能，氯化物的作用是维持细胞内外的渗透压，调节外周的水平衡，参与胃酸的形成，促进消化液的分泌，增进食欲。同时，在与钠的生化反应中，保持机体内血液的酸碱平衡，使血液的物质构成的含量和血压被控制在正常范围内，保持心脏和肌肉的正常收缩，便于神经脉冲传导。因此，食盐是人体组织不可缺少的矿物质。

三、长期缺盐对人体有哪些危害

人体若长期缺盐，血液里的钠、氯等电解质离子比例会失调，体液循环紊乱，轻则使人疲乏无力，食欲缺乏，消化不良，头晕目眩；重则心神恍惚，肌肉痉挛，甚至昏迷，危及生命，在医学上称作"低钠综合征"。如夏天出汗多，

或者从事重体力劳动出汗多，使体内钠盐和水分过多丢失，容易虚脱，此时应该喝盐开水补充盐分。因为盐是一个人体液的重要成分，高温作业的人出汗过多，需要补充含盐饮料；吐泻过多的人，要输入生理盐水；失血过多的人，也要急饮温盐水。

再说，人体缺乏盐分会患多种疾病，如碘盐缺乏会产生甲状腺肿，钙盐缺乏会使婴儿患软骨病，铁盐缺乏会造成贫血等。但是，人不可以缺盐，又不可多吃盐。因为钠盐摄入量过多，同样会引起钠盐过剩（指血液中的钠盐浓度增加），如吃盐过量，必然出现口渴，大量饮水则会使血管内水分增加，引起血压上升。对原有心、肾、肺等疾病的患者，钠盐过剩会增加心脏负担，导致心力衰竭；或加重全身及肾组织水肿程度，导致肾脏衰竭；或增加肺组织的含水量引起呼吸衰竭等。

四、食盐对人体有两大作用

一是调味，尽管一些中性的无机盐都具有咸味，但人类使用的主要咸味还是食盐。食盐的主要成分是氯化钠，味咸，性寒，入胃、肾经，有清热解毒、凉血润燥、滋肾通便、杀虫消炎、催吐止泻的功能。食盐的咸味能刺激人的味觉，增加口腔唾液的分泌，从而，增加食欲和提高食物的消化能力。二是为身体提供重要的营养元素——钠，它在人体内起到调节渗透压和维持酸碱平衡的作用。食盐的化学成分是氯化钠。正常人体含钠约 100 克，其中 40％在骨骼中，50％在细胞外液，10％在细胞内液。但

人体对钠的需要量较低。中等体重的成年人，每天摄钠1～2克（相当于食盐3～5克），即可满足生理需要，所以，世界卫生组织（WHO）建议每人每天摄盐量不超过5克，中国营养学家建议不超过6克。一个体重为70千克的成人体内应有150克盐，人体血液含有0.5%左右的盐，特别在淋巴液、脑脊髓液和汗液里，盐的含量更高。如果人体缺乏盐，则心脏会停止跳动，肌肉会抽搐，胃会消化不良等。在人体内盐能够促进血液的循环，并增强心脏的功能以及肌肉的活动。再者，盐是胃液的主要成分，盐溶液进入胃后变成胃酸，可帮助消化和杀菌。

大家知道，哺乳动物血液的滋味都是咸的，人的血液也不例外，这是因为血浆里含有一种称为氯化钠的盐分。按照医学上的规定，人体血清中钠浓度正常值范围为135～145毫摩尔/升，因为血液中的盐分含量以其解离后阴阳离子的总浓度来表示，即正常人每升血液或血液中阴阳离子的浓度为310毫摩尔/升，其中阴离子和阳离子各占一半（各155毫摩尔/升）。当人体血清钠浓度超过145毫摩尔/升，就为高钠血症，成年人每日需钠量相当于食盐2～3克，总之，人不吃盐会百病缠身。而“多食用使人失去色泽，皮肤变黑损伤筋力”（韩保升）。一个人体内，需要保持100克左右的钠，人通过出汗和排泄尿液，会不断排出部分钠，因此，每个人每天必须补充一部分盐（即氯化钠），一旦补充不足，人就会生病，比如引起失水、晕厥、虚脱，甚至昏迷不醒。有时人们从自身流出的汗液和眼泪，用舌头舔一舔，就感觉到是咸味。这就是盐分，说明人体里含有盐。原来地上的动物祖先，都是海生动

物，它们的体液仍和它们移居陆地以前一样是含盐分的。人体血浆中的盐分除了钠盐以外，还有钾盐、镁盐、钙盐、碘盐以及磷酸盐、碳酸氢盐等。其中钠盐中的钠离子（Na^{+}）是细胞外液中的主要阳离子，每升血浆含 142 毫摩尔，占血浆中阳离子总数的 90%以上，而钾盐中的钾离子（K^{+}）是细胞内的主要阳离子，其浓度为 150 毫摩尔/升，占体内总钾量的 98%。由于食物不能满足人体对盐的需要，因此每人每天要吃盐以补充损失的部分体液。

食盐是由钠离子（Na^{+}）和氯离子（Cl^{-}）构成的，当食盐晶体溶解于水中时，就会变成水溶液，而在盐的水溶液里，钠离子带有正电荷，氯离子带有负电荷。这样，食盐水解后，产生 Na^{+} 和 Cl^{-}。有人将盐的钠离子和氯离子合称为“兄妹元素”。而盐从口入，在人体内的循环，被看作是“兄妹元素”的有趣旅行。

不管你喝的是食盐水溶液，还是吃食盐的粗颗粒，“兄妹元素”首先从人的口中进入第一站，通过消化道来到胃部，它们在这里停留和休整，除了少数“兄妹元素”脱离队伍，跑到血液系统去外，其他大多数“兄妹元素”继续前进，而跑到血液系统的部分“兄妹元素”被吸收，这叫作胃的内吸收。但是，胃黏膜的渗透度又拉回一些钠离子和氯离子，这叫作胃的外吸收；这样，绝大部分的“兄妹元素”重新结队又出发。

由幽门管送到小肠，“兄妹元素”又活跃起来，一部分“兄妹元素”到血液循环部位去，另一部分“兄妹元素”到淋巴循环部位去，人体的肠腔绒毛，都含有毛细血管和中心乳糜管。毛细血管网引流大量的血液，先到小静脉，然

后排空到肝脏的门静脉。这些“兄妹元素”被毛细血管所吸引，要在肝脏循环1周的时间，最后，通过肝静脉到达体循环的静脉系统。而中心乳糜管的作用是引流极少量的淋巴液，排空至淋巴管而后流入左侧的胸导管，在左颈静脉角处注入静脉。接着，两路的钠离子和氯离子（即兄妹元素），在人体循环内又重新汇合在一起，活跃在广阔的体液间隙，发挥它的神奇作用。

除了部分“兄妹元素”被人体所吸收外，剩余的离子应当被排出体外，肾小管细胞将大部分经肾小球滤过的钠离子（约99.4%）又吸收到血液中去，还有0.6%的钠随尿液排出体外。另一个出境门户是皮肤，随汗液从皮肤的毛细小孔蒸发。

最后，钠离子和氯离子从进入到吸收再到最后排泄，结束它们在人体的漫长旅行，也完成了它们的历史使命。食盐在人体的旅行路线是：从口腔入内→消化道→胃→幽门管→小肠→血液→淋巴→骨骼→肾小球→尿→皮肤，这是食盐的全部消化和吸收过程，也是食盐在人体的全部旅行过程。

第3章 盐与医学

中国传统医学认为：盐，又名咸鹾，性寒，味咸，有清热解毒、凉血润燥、滋肾通便、止呕消炎之功效。入肾经兼入心、肺、胃之经，为除热润下之品，利用它的咸寒之性，以走血，使热退而结通。

一、食盐的医学功用

对食盐的功用，古书和名医著作都有论证。《神农本草》载："食盐坚肌骨，去肠胃结热。"《本经疏证》载："盐之入口，能令人津液升而裹之，于是复多饮水以激之，乃能作吐。"《名医别录》载："主下部，疮，伤寒寒热，吐胸中痰癖，止必腹卒痛，坚肌骨。"《本草拾遗》载："明目，去皮肤风毒，调和腑脏，消宿物，令人壮健。"《日华子本草》载："消食，滋五味，长肉，补皮肤，通大小便，小儿疝气。"《千金要方》载："治齿断宣露。"《本草衍义》载："益齿。"《千金翼方》载："治诸疮癣。"《医学入门·本草》载："青盐咸寒去痰热，明目固齿乌须发，除诸血疾腹心疼，滋肾镇心涂疮乌。"《神农本草经》说咸盐"可以疗疾""主明目，益气，坚肌骨，去毒虫"。《天工开物》载："口之于味也，辛酸甘苦，经年绝一无恙。独食盐，禁戒旬日，则缚鸡胜匹，倦怠

恹然”。明朝医圣李时珍在《本草纲目》中列有“食盐”入药的专门论述，说盐有“解毒、凉血、润燥、定疼止痒，吐一切时气风热，痰饮关格诸病”之功，还指出“盐为百病之主，百病无不用之。”

从中医学角度来看，食盐味咸，性寒，对于胃、肾及大小肠，具有软坚、润下的作用，能清热、凉血、润燥、滋肾、解毒，可用于治疗胸脘胀满，二便不利，咽喉肿痛，牙龈出血，胃酸缺乏或消化不良等症状。中医认为：食物有辛、甘、苦、咸五味的不同。五脏对于五味有不同的需要。《素问·六节脏象论》所谓的“嗜欲不同，各有所通”。饮食的偏嗜，会引起脏气的偏胜。正如《素问·至真要大论》所说：“五味入胃，各归所喜。故酸先入肝，苦先入心，甘先入脾，辛先入肺，咸先入肾。久而增气，物化之常也，气增而久，夭之由也。”李时珍还论证道：“服补肾药用盐汤者，咸归肾，引药气入本脏也；补心药用炒盐者，心苦虚，以咸补之也；补脾药用炒盐者，虚则补其母，脾乃心之子也。治积聚结核用之者，咸能软坚也；诸痈疽眼目及血病用之者，咸走血也；诸风热病用之者，寒胜热也；大小便用之者，咸能润下也；骨病齿用之者，肾主骨，咸入骨也；吐药用之者，咸行水聚也；能收豆腐与此同义；诸蛊及虫伤用之者，取其解毒也。”

从生理作用来看，食盐具有调节机体酸碱平衡，保持体液渗透压正常，维持神经及肌肉的正常兴奋等功能，还能刺激胃液分泌，帮助食物消化，因而它也是人体所必需的营养物质。

作为“生民喉命”的食盐，最早应用在古代。《唐本

草》中曾有一些以光明盐、绿盐等治疗疼痛和眼疾的例证。北宋的《政和证类本草》卷四记载:唐代元和十一年(816年),某地有一人患有霍乱病,既不能向上呕吐,又不能向下泄泻,总是出冷汗,人的元气将要断绝,生命十分危急。河南一位郎中(名叫房伟)传授一个药方,他用一大勺盐,熬炼使它变黄色,拌入童子尿一升,要病人趁温吸,不久,病人既呕吐又泻下,病就很快痊愈了。

清朝王士雄在《随息居饮食谱》说过盐的疗效:"咸凉。补肾,引火下行,润燥祛风,清热渗湿,明目,杀虫,专治脚气。和羹腌物,民食所需。宿久卤尽色白,而味带甘者良。擦牙固齿,洗目去翳,点蒂钟坠,敷蛇虫螫,吐于霍乱,熨诸胀痛。"又说:"霍乱转筋,盐齿摩拓患处,或以裹足布浸卤束之。并治诸般脚气,无卤用极咸盐汤亦可。凡无痛人濯足汤中常加盐卤,永无脚疾。"全面地概括了盐疗的功效和应用。

不论典籍记载,还是名医真言,都对食盐做了深刻的认识和精辟的论证,盐不仅有食用价值,而且有药用功能。

第二次世界大战期间,一个西方国家某地一家舞场发生特大火灾,伤亡很大,为了抢救烧伤的病人,当地医院立即采取输注生理盐水来暂时稳定来不及抢救的病人的病情,谁知竟出现了奇迹,凡是被输注生理盐水的烧伤病人全部被抢救活下来,及时脱离危险,病情大为好转。原来,是生理盐水起了神奇的疗效。

凡是被抢救的生存者都接受了大量生理盐水的治疗,24小时的总输入量突破了8000毫升大关,甚至有的

接近 10 000 毫升。然而，死亡者的生理盐水及其他液体的补充量都小于这个数值。由此，医生提出烧伤病人应“超量”补充生理盐水的理论，一直沿用至今。

水是人体的重要组成部分，它具有特异的功用，维持人体正常的生理活动和新陈代谢。水可以使水溶性物质以溶解状态存在，可使电解质以离子状态存在；由于水的活动性有利于人体内的物质运输，水又是化学反应的媒介，参加水解、化合等反应；通过水的蒸发能调节体温。

生理盐水是指每 100 毫升含有 0.9 克氯化钠的水溶液。如果换成毫摩尔浓度表示的话，则每升溶液含钠和氯各 154 毫摩尔，每一个人的血液是由血细胞和液体血浆组成的。血细胞包括红细胞、白细胞、血小板，其中红细胞占了大多数。在正常情况下，红细胞内的渗透压跟它周围的血浆渗透压是相等的，或者说细胞内液与细胞外液是等渗溶液。为了维持血管的正常渗透压，往血管里输液时必须用与血浆渗透压相等的溶液。而 0.9％的氯化钠溶液（即生理盐水）渗透压为 308 毫摩/升，恰好与血浆渗透压相等。正常成年男性体内的水占体重的 60％，成年女性体内的水占体重的 50％，婴幼儿体内的水占体重的 65％～80％，由于每人每天的工作性质、劳动强度、饮水习惯及气候环境不同，正常成人平均每天需水量为 1500～2000 毫升。

钠和氯是人体组织不可缺少的成分，是维持电解质平衡和渗透压平衡的重要物质，所以人体既不能缺水又不能缺盐。医生对那些上吐下泻或烧伤严重的病人，还

有那些手术后饮食不足的病人，注射生理盐水或50%的葡萄糖生理盐水。这些生理盐水是经过严格消毒的，严格控制其浓度为0.9%，只有0.9%的盐水，才能同血浆渗透压相等，如果浓度太高，血细胞中的水分就会渗出，血细胞就要缩小，发生皱褶；如果浓度太低，血浆中的水分会较多地渗入血细胞中，引起血细胞涨水，大到一定程度，会造成血细胞破裂，导致“溶血”。

另外，盐水除了输液外，还可对烧伤病人实行浸浴疗法，即将适量食盐加入温开水中，配成1%浓度的氯化钠溶液，即每100毫升水中加食盐1克。水温保持在38～39℃，每次浸浴1小时左右。1%氯化钠液体与人体液(0.9%氯化钠溶液)相比为高渗液，使病人身体表面的细菌和毒性物质会借此向体外跑，从而达到清洁创面，加速愈合的目的。

二、盐在现代医学上的神奇疗效

在现代医学上，盐有哪些神奇的疗效？

1. 低盐防流感　流行性感冒是由流行性感冒病毒引起的。它与普通感冒相比，一是容易造成大流行，二是病情重，甚至会引起死亡。据科学家研究发现，人体对流感的易患性与食盐摄入量有关。摄入食盐过多，一是可使唾液分泌减少，口腔内存在的溶菌酶也相应减少，以致病毒在上呼吸道黏膜“落脚”更安全了；二是因为钠盐的渗透，上皮细胞被抑制，大大减弱或丧失了包括分泌干扰素在内的抗病能力，流感病毒的神经氨基酸酶对细胞表面黏多糖类发生作用而侵入细胞内，使咽喉黏膜失去屏障作用，其他病毒、细菌亦会乘虚而入，所以往往可同时并发咽喉炎、扁桃体炎等上呼吸道炎症。

2. 盐水治喉痛　盐水含漱法起源很早，唐代王焘在《外台秘要》中提出“漱咽盐水”。清代吴尚先《理瀹骈文》中记载9例漱口方，分别治疗牙痛、齿衄、舌衄、喉风、烂喉痧等疾病。如盐水治喉痛，秋冬之际，天气干燥，容易使人喉头失润，引起急性或慢性咽喉炎，急性或慢性扁桃体炎，如果患上这4种症疾，可用盐水治喉痛。盐水有消炎作用，凡喉部觉得轻微不适，可用盐一撮冲汤一大杯，作为晨间漱口剂和清导剂。或者如果喉咙肿痛，可用浓盐水汤漱口，一日5次，再用盐汤渍橄榄，嚼于口中，治疗喉咙发炎。

3. 盐水止血　盐有增强血液凝固的作用。如果鼻子出血，可用药棉浸盐水塞入鼻孔，同时，饮些盐汤，达到止血效果。而牙龈出血、喉头出血、喉咙出血、鱼骨刺伤喉而出血等，可用盐汤漱口，因为血遇到盐汁，就与之凝固，达到止血作用。

4. 盐汤能醒酒　盐有清热安神作用，当你喝酒大醉，呕吐不止，头昏脑涨，应立即口饮盐汤一小杯，方解酒醉而难受之苦。

5. 盐除腋臭　取细盐150克，菊花100克，浸泡在浴水中，每月浸泡两次，能除腋臭之疾。或者，用布包上炒热的粗盐擦腋下，可除腋臭。

6. 盐治眼疾　如患上沙眼，容易迎风流泪，用淡盐水洗眼有疗效。如眼部红肿，先倒一茶匙细盐加入600毫

升温开水中，待其溶化后，用药棉浸泡一会儿，取出敷压眼部肿胀处，能立即消肿。

7. 盐治“烂裆” 人体的大腿根部内侧，会阴及阴囊处的皮肤既菲薄又敏感，在夏天温热环境下，由于大量出汗、长期摩擦及汗液浸渍与刺激，容易引起皮肤奇痒、发红，出现继发菌感染，这种病叫作“烂裆”。先取食盐一茶匙，溶入半脸盆热水或浴水中，每天坐浴 15 分钟，每天 1 或 2 次。高浓度盐水有收敛、消炎、止痒等作用，如坚持坐浴数日，治“烂裆”有疗效。

8. 盐水治轻度腹泻 一个人若患有轻度腹泻，会使人体肠液大量丢失，导致身体脱水、电解质紊乱。治疗腹泻，可喝些口服补盐液，或饮糖盐溶液，先取 1 升(2 市斤)开水，加 1 茶匙食盐，待其溶化后，再加入 8 茶匙蔗糖，搅拌溶解而成。如出现轻度腹泻，每人每次应喝糖盐溶液 400 毫升，儿童减量，此法最有疗效。

9. 盐治脱发 一些妇女生小孩之后，出现贫血，头发经常脱落，特别是每次梳头而使头发大量脱落。为此，用食盐煮成盐汤，轻轻涂敷头发根部，能使毛孔紧闭，使头发不易脱落，盐汤留在发际，约几分钟后，再用冷水过清。每天在早晨用盐水涂敷 1 次，入夜再涂 1 次，坚持半个月左右，便能见效，但是，遇到头皮破损时勿用，以免疼痛。

10. 盐治“吊钟” 一个人的喉腔正中下腭，有一个像小舌一般的腭垂，俗称“吊钟”，医名为“蒂丁”。如果一个人因辛劳过度或睡眠不足，或是咽喉发炎时，“吊钟”会垂落下来，呈肿胀状，使人吞咽困难，稍感疼痛，那么，用粗

盐10余粒，研成细末，先将箸头稍稍蘸水，再将盐屑涂在箸头上，然后将盐屑点在“吊钟”上，使患者仰卧片刻，大约1分钟后，“吊钟”即可上升，恢复原状。

11. 盐水治脱肛　小孩儿肛门肠头脱出，非常疼痛，如有直肠垂落下来，则要用油剂或凡士林涂敷肛门处，将肛门和直肠缓缓推入，再向药店买石榴皮25克，和粗盐一大撮，煎后洗濯肛门，静卧半小时，脱肛之患，即能收敛。

另外，粗盐还有热敷疗效的神奇作用。热敷是将热源置于患者皮肤表面，让热量通过皮肤影响人体的功能活动，达到治疗各种疾病的方法。也是说，热敷是使局部体表温度升高，皮下组织舒展，痉挛的微小血管松弛、扩张、血液加快，血氧饱和度提高，使新陈代谢旺盛，可为促进病患部活血、祛瘀、生肌、消肿及瘢痕组织软化制造条件。热敷可以缓解肌肉紧张，减轻发炎部位对末梢神经的压迫，降低交感神经的兴奋性，热有扩张皮下毛细血管的重要作用，可使血液循环加速、白细胞数增加，消炎止痛。比如盐敷治尿频，先用棉布缝个布袋，将粗盐炒热，趁热倒入袋中，在睡前10分钟，将盐放在肚脐上热敷，或将盐袋放在腰间热敷，可以治尿频和失眠。

1. 治头痛　热证头痛：晚蚕沙200～400克，调热盐水炒热，布包敷熨头部。偏头痛或感冒头痛：取嫩柏树果50克，食盐100克，捣烂后炒热敷患处。

2. 治腹痛　①香附60克，食盐6克，生姜9克，混合捣烂热敷；②食地卤90克，生香附末12克，皂荚(捣碎)2个，在砂锅内炒出香味后，另加醋50毫升，趁热包于布

中，按患者痛处缓熨；③食盐、花椒混合炒热，敷于患处；④食盐1500克，葱白200克合炒，分装两袋，轮敷患处。

3. 治肩痛和腹痛　将炒过的粗盐用铝箔纸包裹，贴在肩上可消除肩周炎之痛。或将两杯炒过的热粗盐放入厚纸和（或）毛巾包好，置于下腹，30分钟后，腹痛即能消失。

4. 治胃病或急性胃肠炎　取生姜、菖蒲根、陈酒糟和食盐各适量，炒热后用布包敷痛处。或将食盐适量，炒热后敷腹背。

5. 治疝气和风湿腰痛　食盐250克，炒热后用布袋装好，敷于患处；或取生姜1枚，草乌1个，食盐少许，研细后用酒调匀炒热，布包裹敷痛处。

6. 盐治风湿痛　用食盐一大碗，加上秦艽15克，麻黄10克，宣木瓜15克，均切成细粒一同炒热，熨烫风湿疼痛部位，有疗效。

7. 盐治二便不通　①初生儿大小便不通，可用连须的葱白10根，生姜1块，豆豉和食盐各10克捣烂成饼，热敷脐上。②成年人大小便不通，可取食盐50克，大蒜头，山栀7枚，共捣烂，摊纸上贴肚脐上；或者食盐100克，生姜50克，豆豉10克，连须大葱（带泥）500克，同捣烂做饼，烘热贴脐上。③大小便不通：取青盐10克，田螺3个，将田螺连盐捣烂烙热后，敷贴在脐下3.9厘米（1.3寸）处。

热敷又叫盐熨。它具有温中散寒、通利气机、调和营卫等功能，这是一种在家即可自我进行治病的简易疗法，可治疗许多病。如腰痛可热敷腰部；关节炎可热敷关节部位；腹痛可盐熨压痛点；肠炎、痢疾可盐熨肚脐两侧及

小腹部位；感受风寒可热敷背部双侧肩胛骨之间至大椎部位。心脏病、心绞痛可热敷膻中穴（两乳头之间的胸骨上）；小便不通可热敷小腹正中；小儿腹泻可温熨肚脐；妇女痛经可热敷小腹。另外，盐熨小腹及腰部可以治女子宫冷不孕、男子阳痿、遗精、早泄等。

一般取食盐500克，用文火炒热，然后用清洁的布或毛巾包裹成拳头大，在所选的部位上熨敷。熨时要注意盐包必须在皮肤上不断转动，以免过久停留烫伤皮肤。盐包冷却后需要及时换掉，再则，治疗时间可以根据病情而定。

盐炙，也是一种治病方法，外用有杀菌解毒、清洁伤口之功效，漱口可以治疗口臭。盐炙制法，一般有两种方法，即盐水炒和炒药后加盐水。第一，指将洗净药材或切制品，加入一定量的盐水溶液拌匀、闷透，待盐水吸引达到饱和状态置锅内，用文火慢慢炒至规定程度时，取出放凉。第二，先将药材倒入炒锅里，用文火炒至一定程度，再喷淋盐水，炒干，最后取出凉凉。含黏液质较多的药材一般采用这个方法。盐的用量通常是每100千克药材，用食盐2千克，加4～5倍的开水将盐溶化，并沉淀，取出清液备用。盐炙时，一般用文火将药材炒干即可。

1. 盐杜仲　取杜仲块片或丝，用盐水拌匀，润透，置锅内用油砂炒至老褐色，丝易断时，取出，摊凉即成。杜仲盐制后引药入胃，增强补肝肾的作用，治肾虚腰痛、阳痿滑精。

2. 盐巴戟　取干净巴戟肉，用盐水拌匀，待盐水被吸尽，置锅内用文火炒干，出锅后凉凉。巴戟盐制后功专入

肾，温而不燥，可增强补益肝肾，活筋健骨作用，治阳痿早泄、子宫虚冷、小便失禁。

3. 盐覆盆子　取净覆盆子，加盐水拌匀，闷润至盐水吸尽后，置蒸笼内蒸透，取出，干燥即成，也可用文火炒干。能借盐走肾、有益骨固精之效。

4. 盐韭菜子　取干净韭菜子用盐水拌匀，闷透，置锅内用文火炒干，取出放凉（每韭菜子 100 千克，用盐 24 克）。有助增强补肾涩精之功。

5. 盐沙苑子　取干净沙苑子，用盐水拌匀，稍闷，置锅内用文火炒至深黄色，有香气逸出时，取出，凉凉。有增强补肾固精、缩尿止溺作用，可治梦遗滑精、肾虚腰痛。

6. 盐荔枝核　取干净荔枝核，捣碎，用盐水拌匀，闷透，置锅内用文火炒干，取出放凉，有引药入经、疗疝止痛的效果。

7. 盐橘核　取干净橘核，用盐水拌匀，闷透，置锅内文火炒至微黄，有香气逸出，取出放凉即可，有引药入经，增强理气散结之力。

8. 盐黄柏　取黄柏片，用盐水喷匀，润透，用文火炒至黄褐色，取出，放凉。能滋阴降火。

9. 盐砂仁　取干净砂仁用盐水拌匀，闷透，置锅内文火炒干，取出放凉。

10. 盐泽泻片　取泽泻片，用盐水拌匀，闷透，置锅内拌炒至干略呈黄色，取出凉凉，有引药入肾，增强利水、渗湿作用。

第4章　盐与疾病

某地区有位48岁的公交车老司机，由于年轻时脚被冻伤过，每到冬季他的脚就会受冻，非常痛苦。一次他听别人说，每天在盐上快速走路，能预防脚被冻伤。下班回家后，在阳台铺上5米长、30厘米宽的粗盐，赤脚在盐上快速走路，来回走300趟，大约3000米路程。5天后，多年的冻脚问题解决了。赤足在盐上走路有六大好处：一是能消炎止痛，活血化瘀；二是通经络、顺气脉；三是促进血液循环，提高血管壁韧度；四是刺激穴位，养精蓄锐；五是能使人心情舒畅，思维敏捷；六是能有效预防脚部疾病。

在盐的家族里，还有一些物质，其本身是无害的，但量变会引起质变，如果剂量过大，也会产生毒性。以食盐为例，它本是每个人天天离不开的调味品，摄入量又必须控制在每天6克以内最适合。一旦摄入量过大，食盐也会引发难以想象的后果：高盐摄入者发生中风的概率远远高于常人；过量摄入盐会使血压升高；还会引起骨质疏松、白内障和皮肤老化。如果一次性摄入大量食盐也可以引发人的猝死。比如，体重是50千克的人，一下子吃掉50克（一两）食盐，就会性命难保了。因此，盐的另一种角色是毒药，这话不是危言耸听。食盐本无害，但过量

就意味有害处。什么是好的？适量的才是好的。

现代医学认为：盐是人的生命活动不可缺少的重要物质，盐的主要成分是氯与钠，为人体所需要的重要元素。食盐对于人体的作用主要在于：一是在维持渗透压方面起着重要作用，影响着人体内水的动向；二是参与人体内酸碱平衡的调节。

大家知道，盐是由氯和钠两种元素组成的。不管你尝的是食盐颗粒，还是喝盐开水，它们在人体胃里的表现形式都是 NaCl 水溶液。人吃盐后，盐在人体内分解为氯离子和钠离子，钠离子是血浆组织液和细胞外液的组成部分。在细胞内外的主要含量是钾离子。这种细胞高20～30倍，而细胞外液的钠离子又比细胞内高出约15倍。由于钠和钾在数字上和质量上的特殊构成比例，从而维持人体细胞正常渗透压和组织细胞之间的各种物质交以及人体内各生理、生化反应的需要，达到人体生命健康的进行。

钠和氯都是人体不能缺少的营养素，尤其是钠离子，对维持身体的平衡状态，维持水电解质的稳定状态有非常重要的作用。而钠离子可以说是一把“双刃剑”，使用得当，可以在体内维持酸碱平衡，维持正常肌肉的神经功能和稳定性，但如果超过需要量，就会造成胃的负担加重，造成血管收缩痉挛，也可能影响其他营养物质的吸收。

与空气和水一样，盐是人体不可缺少的重要物质。盐不能不吃；食盐的化学成分是氯化钠。正常人体含钠约100克，其中40％在骨骼中，50％在细胞外液，10％在细胞内液。但人体对钠的需要量较低，中等体重的成年

人，每天摄钠1～2克（相当于食盐3～5克），就可满足生理需求。但是，盐也不能多吃或少吃，因为多吃会引起水肿、高血压，而少吃会造成人体内的含钠量过低，导致食欲缺乏、四肢无力等症状。那么，一个人每天应吃多少盐呢？在正常情况下，人体通过细胞复杂的交换功能，保持细胞内外的盐的平衡，并通过肾在血液循环中，对钠盐和钾盐的吸收、排泄的准确循环平衡，维持人体生存的最适宜水平。这个最适宜水平，对于正常人的每日摄盐量，世界卫生组织建议：成年人每日摄入盐量一般不应该超过5克；而肾病、肝病、高血压患者，应限制盐的摄入量；严重腹泻者，应适当增加摄盐量；适量吃盐，有益于人体健康，智力和体力发育正常，否则，过量吃盐会伤身生病，祸及生命。

一、盐与高血压

血压是指流动的血液对血管壁产生的侧压，是血流动力和外周阻力之间矛盾对立统一的结果。医学临床上一般所说的血压，是指体循环的动脉血压。在一个心动周期中，动脉血压随心室的收缩和舒张而有波动。心室收缩时，将血液输入动脉，动脉血压升高，其所达到的最高值称为收缩压；而心室舒张时，动脉血压下降，其最低值称为舒张压，收缩压与舒张压之差称为脉压。正常收缩压为90～139毫米汞柱，正常舒张压为60～89毫米汞柱。当收缩压≥140毫米汞柱、舒张压≥90毫米汞柱时，称为高血压。

中医学认为高血压起因与情绪失调，饮食不节，劳欲过度，内分泌、体液调节功能紊乱有关。然而，原发性高血压与食盐摄入量是否有关系呢？有研究成果证明，食盐只对敏感者有升高血压的作用，但大多数专家认为，盐是高血压的“触发剂”。医学界专家曾经研究证明，在非洲、美洲和澳大利亚的因纽特人，每人每天吃 4 克左右的盐，还有中美和南美洲的印第安人，新几内亚和所门群岛的居民，每人每天摄盐量正好符合他们生活需要，极少有人患原发性高血压。而日本北海道的居民的摄盐量每人每天达 20 克，高血压患病率极高。

据报道：“在全世界 27 个国家，42 个医学研究机构共同参加的‘MONICA’（莫尼卡）防治心血管病的病因调查项目中，对中国 16 个省市的 581 万人的调查证实，食盐摄入量与原发性高血压呈‘正相关’。也就是说，随食盐摄入量的增高，血压值也会增高。研究证明，如果平均每日摄入食盐中的钠相差 1 克（相当于 2.5 克食盐），收缩压均值约相差 2 毫米汞柱，舒张压均值相差 1.7 毫米汞柱。这证明减少食盐的摄入量，血压值会降低”（《大众卫生报》2007 年 10 月 23 日）。每个人每日钠盐摄入量，通常是由味觉、风味和饮食习惯决定的。在中国，由于一些饮食习惯的原因，多数人摄盐量大大超过世界卫生组织建议的不应超过 5 克摄取量的标准，甚至达到 10～20 克，比如中国拉萨的藏族居民喜欢喝盐茶，此地区的高血压发病率达 40％。另外，我国人群摄盐量普遍偏高，但北方人高于南方人，东部人高于西部人，农村人高于城市人。所以，我国 1997 年人口普查资料表明，已有原发性

高血压患者达 1.1 亿人。吃盐太多，是诱发原发性高血压的重要因素。

人体的保钠机制比较完善，摄入少则排出少，只有长期每日摄盐少于 1～2 克时，才会发生缺钠。但人体的排钠功能是有限的。摄入过多的盐，会导致钠、水潴留，血容量增加，更重要的是，钠潴留通过复杂的离子转运机制，最终会导致血管腔变窄，血管阻力增加，终致血压升高。血压升高，又会加重心脏和肾脏负担，进一步引起排钠障碍，从而使血压更高，即形成恶性循环。目前，公认钠潴留是高血压的启动因素。

1. 饮食中钠盐摄入量增加，可使过多的钠离子在机体内潴留，钠潴留必然导致水潴留，使细胞外液量增加而使人的血压增高。

2. 细胞外钠离子增多，细胞内、外钠离子浓度梯度加大，则细胞内钠离子也增多，随之，出现细胞内水肿，小动脉壁平滑肌细胞肿胀而致管腔狭窄，进一步导致外周阻力加大，血压增高。由此，过量吃盐等于慢性自杀或慢性盐水中毒。对于高血压或心力衰竭的患者，如果不控制食盐摄入，就会加重血中水、钠潴留，使血压增高，心衰加重，诱发原发性高血压，严重者导致死亡。只有当尿量增多，水肿消退时，才能逐渐进食低盐饮食。10 月 8 日是全国高血压日，为了自己的身体健康，预防原发性高血压的人应限制食盐摄入量，每人每天应以 5 克为宜，而高血压患者吃盐应在 2～3.5 克为宜。中国高血压防治指南建议：北方地区每人每天摄入盐 6～8 克为宜，南方地区每人每天摄入量以 6 克为宜。食盐的简单计量法如下：一

平燕京啤酒瓶盖子食盐为 6 克。

据说，科学家在进行限盐试验时，发现每日仅吃 2～3 克食盐，有 40％的人可以收到降压效果。所以，专家主张食品做得清淡些好。老年人每日食盐应控制在 10 克以下，高血压患者的食盐量则应控制在 5 克以下，这样，对人体较为适宜。

二、盐与胃癌

据报道，在世界上 60 岁以上的死者中，约有 1/4 死于恶性肿瘤，其中以胃癌居首位，我国每年约有 16 万人因胃癌而丧生。在导致胃癌的诸多饮食因素中，含高浓度食盐食品为首要因素。在瑞典召开的“食盐与疾病”国际研讨会上，美国皮尔耶尔·雅松教授指出：“一系列的动物实验和人体疫病学研究表明，人体随着钠盐摄入量的增加，胃癌、食管癌、膀胱癌的发病率增加”。日本就是一个最好的例子，原因是高浓度食盐会破坏胃黏膜的屏障作用，致使胃黏膜很容易受到致癌物质的侵袭。过去，日本人喜欢吃盐渍食物如干鱼、鱼酱及腌菜等，因此，日本成为世界上胃癌的高发病率国家。近些年来，由于家庭电冰箱的普及和人们饮食习惯的改变，日本人已很少食用盐渍食品，其胃癌发病率日趋下降。人们腌制腊肉之所以要加入大量的盐，是因为高浓度的盐分不仅能使细胞脱水、蛋白质凝固，让肉质变硬，而且还能使败坏肉质的细菌也因脱水而死亡，从而达到长时间防腐的目的。同样，高盐食物的这种作用也会对胃黏膜造成直接损害。

动物实验表明，当喂大白鼠高浓度（12%或20%）的食盐水以后，鼠胃黏膜发生广泛性弥漫性充血、水肿、糜烂、坏死、出血，而低浓度食盐水则未引起病理改变。高盐食物还能使胃酸浓度降低，影响消化，并抑制前列腺 E_2 的合成，从而降低胃黏膜的抵抗力，使胃黏膜易受损而发生胃炎、胃溃疡等。此外，高盐及盐渍食物中还含有大量的硝酸盐，它在胃内可被还原菌转变为亚硝酸盐，然后，与食物中的胺结合生成亚硝酸胺，这种具有极强致癌性的化学物质，通过胃损伤部位的吸收，使致癌的危险性大大增加。

每天多食1克盐，寿命短半年。难怪有人说，在发达国家被盐送进坟墓的生命比有害化学物质造成丧生的还要多，这绝非危言耸听。为此，专家们提出忠告，要防止胃炎、胃癌的发生，必须改变不良饮食习惯，其中一条是宜淡不宜咸。俗话说："微咸盐水似参汤，浓盐咸汤如砒霜。"这是很有道理的。

三、盐与水肿

水肿，又称浮肿。当机体的体液过多地积聚在皮下软组织的细胞外间隙时，就会出现水肿。水肿形成的病理生理学基础是钠和水的潴留，首先是钠盐的潴留，其次是水的潴留。

水肿一般有3种：全身性水肿、肾性水肿和心源性水肿。特别是心源性水肿时对肾脏有一定的影响。当有心力衰竭时，肾脏的血流量减少，肾小球滤出的盐减少，导

致肾脏释放肾素,使醛固酮的分泌增加。同时,造成肾小管对钠的吸收增加,体内的钠盐和水明显潴留。

因此,心源性水肿患者的饮食必须要讲究,要限制钠盐摄入量。宋代医书《本草衍义》说盐:“水肿者,宜全禁之”,是有一定科学道理的。

一个人的肾,是人体内最主要的过滤及排泄器官,它的作用在于维持人体血清正常的量。血液将我们体内的废物输送到肾,再由肾中专门负责过滤作用的数百万肾单位,把对人体有益的物质送向血液,而没有用的废物排出体外,这就是尿液。

1. 肾是泌尿系统的重要器官,它控制人体内代谢过程,从而维持内环境的稳定,保证生命活动的正常进行。

2. 肾小球利用毛细血管内压的作用,滤出血浆内的水分及中、小分子量的物质,使其进入肾小囊腔,变成原尿。当肾小球发生水肿时,会表现为肾小球滤过率下降,导致水潴留和钠潴留,易产生水肿,蛋白质从尿中丢失引起血浆胶体渗透压下降,导致水分潴留。

如何限制钠盐饮食?轻度心力衰竭患者每天摄盐量应该为 3 克,中度心力衰竭患者应为 2 克,重度心力衰竭患者应为 1 克。总之,凡是严重水肿或心力衰竭的病人,应该适量禁盐,如不控制食盐摄入,会加重血中水、钠潴留,使血压增高、心力衰竭加重而导致死亡。只有当尿量增加,水肿消退时,才逐渐吃低钠盐饮食,但是,不宜太咸。一旦恢复正常,不要长期忌盐,因为盐是人的生命活动不可缺少的重要物质。如果长期过分限制盐的摄入,会造成低钠综合征,出现食欲缺乏,疲乏无力,精神不振,

从而,使人体内无机盐的平衡发生紊乱,肾脏的血液减少,加重肾功能损害。

肾病患者在忌盐过程中,觉得食物淡而无味影响食欲,可选用代盐品来调口味,常用代盐品有两种:无盐酱油和淡秋石,无盐酱油是不含钠的,用钾盐制成的。但如果病人尿量每天少于 1000 毫升,肾功能不全及高血钾,就不能使用无盐酱油。否则,会引起血钾升高,进而影响心脏功能,加重病情;可改用秋石。尿量多,无高血钾,肾功能正常者,可选用无盐酱油。

四、盐与肥胖症

过去,人们认为胖子是吃食物过多所致,其实,肥胖与吃盐太多也有关系。日本营养专家曾经对 1400 名体重超过正常标准的肥胖者,进行饮食习惯的调查,发现有 36%的人每天摄盐量平均在 10 克以下,有 25%的人每日摄盐量平均在 10～20 克(或)以上,其余 39%的人每天摄盐量平均为 10～20 克。如果按照世界卫生组织的摄盐建议,每人每天摄盐量应在 6 克以下,而只有 18%的人达到这一标准。为了进一步调查核实这一结果,他们还对一些小动物进行实验,在喂养的食物量相同的情况下,那些喂了高浓度食盐食物的小白鼠,体重普遍增加。而喂养低浓度食盐食物的小白鼠则体重普遍下降。

肥胖,不仅给一个人的工作和学习带来烦恼,也影响自己的正常生活和生理活动,如果要减肥,光想通过排汗和利尿,难以消除人体内的水分。唯一办法是摄盐量减

少，适当控制饮食。多吃大豆和豆制品，少吃甜食和含钠多的食物，比如咸菜、咸肉、火腿、香肠等，增加钾和钙的摄入量，以达到减轻体重的最佳目的。

五、盐与碘缺乏病

在人的喉头处有个大腺体，左右各一个侧叶，中间由一横形的窄片腺体相连，因其形状像古代兵刃“盾甲”，故而称为甲状腺，是人体内分泌系统中最大的一个腺体。其作用是显著地增强机体的能量代谢，使糖、脂肪及蛋白质的分解代谢加强，还能增强储存脂肪的动用量并加速脂肪的分解，促进胆固醇变为胆酸盐。甲状腺激素能促进小肠对单糖的吸收，促进肝脏糖原分解为葡萄糖，使血糖上升。甲状腺素还能增加储存脂肪的动用量并加速脂肪的分解，可促进胆固醇变成胆酸，如果缺乏甲状腺激素，人体的生理作用会受到很大的影响，比如人的身体发育和代谢过程都会减慢，而且对许多疾病的抗病能力大大降低，如果是儿童，就会智力迟钝，个子长不高，患有侏儒症；如果是成人，就会全身乏力，表现为脖子肿大；如果是孕妇，就会引起早产、流产、生下先天性聋哑儿。现代医学称它为地方性甲状腺肿大，也是碘缺乏的表现，这种病叫碘缺乏病(简称 IDP)。

1. 地方性甲状腺肿(地甲病)　由于环境缺碘，导致人体缺碘而引起甲状腺激素合成分泌不足，就会使甲状腺增生、肥大，形成恶性循环。缺碘患者的脖子越来越粗，俗称粗脖子病。

2. 地方性克汀病(地克病) 与地甲病一样,地克病也是碘缺乏病的表现形式。由于孕妇缺碘,导致新生儿严重缺碘。甲状腺激素缺乏,仍能造成神经系统和其他器官或组织发育不良,使新生儿出现智力低下、聋哑、身材矮小、性发育迟缓等症状。

3. 地方性亚临床克汀病(亚克汀病) 这种碘缺乏病的患者,一般以轻度智力落后为主要表现,比地甲病人和地克病人稍微好些,能参加体力劳动,独立生活,但学习能力和抽象运算能力差。

另外,盐与感冒、骨质疏松也有联系。食盐的味道是咸味,如果一个人喜欢吃过咸的东西,包括食盐和其他咸味食物,会伤心、伤肾、伤骨,引起容易感冒,诱发哮喘,加重糖尿病和高血压。因为咸,有两个方面作用于血分,其一,通过影响心气的功能,间接地使血液运行发生变化。其二,咸进血分,直接影响血液运行。如果长期高盐饮食,会导致心脑血管疾病、高血压和糖尿病。①感冒:感冒是由病毒或细菌感染引起的,但美国一项研究表明,吃盐多的人易患感冒,原因是摄入高浓度盐能降低呼吸道细胞的活性,相应地减弱了抗病能力;吃盐多还会使唾液减少,进而导致口腔内溶菌酶减少,从而增加呼吸道感染的机会。②骨质疏松:动物实验表明,给小鼠喂高盐饲料1年后,其骨密度降低50%;人体试验也证明,摄盐过多,可使人体的钙从尿液中大量丢失,从而导致骨质疏松甚至骨折。而多摄入含钾食物可明显减少尿钙的丢失,所以,多吃富钾食品是一种预防骨质疏松的好方法。

《中国居民膳食指南》推荐,健康人群每人每天食盐

摄入量不应超过6克。生活中，尤其是高血压患者，要学会自我健康管理，注重食物的烹调方法和调味方式，可在获得美味的同时，防止“盐值”爆表。

为了你的健康，不妨改变自己的吃盐习惯。因为习惯会对健康长期起作用，它伴随你一辈子。健康是靠“零存整取”，“零存”的是少吃盐，“整取”的便是康寿。

第5章 盐与碘盐

一、碘缺乏严重危害人类健康

由于几千年的冰河溶解，冰水冲刷，将地球表面富含碘的成熟土壤大量冲走，致使大量碘元素流入海洋，从而造成自然环境遭受不同程度的碘缺乏，使人们无法得到足够的碘元素，从而影响生长发育。除冰岛以外，全世界有118个国家地区存在碘缺乏病，约有16亿人口生活在较严重的缺碘地区。由此，碘缺乏病成为世界上一种生物地球化学性疾病，流行很广，严重危害人类健康。碘缺乏病主要分布在拉丁美洲、非洲、亚洲和大洋洲大部分发展中国家，约有10亿人，其中4亿多在中国。据中国残联新近提供的一个惊人数字：全国现有智力残疾人1017万人，其中80%以上是因缺碘造成的。我国现有甲状腺肿病人800多万，克汀病人20多万，亚克汀病人800多万，这也是缺碘所致；7－14岁孩子甲状腺肿大率已达14%。在我国，大陆除上海以外，29个省、市、自治区的1762个县市都流行碘缺乏病，其中四川是碘缺乏病流行最严重的省，病区人口7000多万，占总人口的65.6%。

何谓碘：碘是法国巴黎一位叫别尔恩加尔特·库尔

图阿的药剂师1811年在海藻中发现的一种卤族化学元素。它在自然界以盐的形式存在。量很少，仅占地壳总重量的千万分之一，系微量非金属元素。碘在人体血液中以碘化物的形式存在，在甲状腺内被吸收，氧化为碘后与酪氨酸结合转化为甲状腺素，以供人体生理活动之需。

1833年，美国人Bovssingault发现哥伦比亚Autogiua区废矿井中的盐可以治愈当地居民的甲状腺肿，经其研究发现，该矿盐中含有丰富的碘。于是，他首先提出了使用加碘盐防治地甲病的建议，从此，引起全世界人民对碘盐的关注。在总结缺碘地区地甲病、地克病的医疗和医学研究成果的基础上，著名教授Hetizl先生于1983年提出了IDD的概念，他倡议用“碘缺乏病”的概念来代替“甲状腺肿”及“克汀病”的术语。这一倡导不仅大大提高了人们的认识，使人们能从碘缺乏的角度来认识缺碘对人类健康的危害，而且为防治和消除碘缺乏病，提高全人类的健康水平，指出了具体明确的途径。

碘(化学符号I)是一种具有氧化作用的非金属元素，它以溶于水的形式存在。碘是具有金属光泽的灰黑色结晶，呈薄片或小叶状，性脆，碘在溶解前易于升华，它的蒸气呈紫色，有强烈的臭味，有毒。卤族元素具有强的化学活性，而在卤族元素中，碘的氧化能力最弱，化学性质较不活泼。由于碘的特殊性质，不可能直接将它作为碘剂加入盐中，许多国家和地区先后通过科学实验，制成许多碘剂投入市场，满足缺碘人群的需要。这些碘剂有：碘酸钾(KIO_3)、碘酸钠($NaIO_3$)、碘化钾(KI)、碘化钠(NaI)、碘化钙($CaI_2 \cdot xH_2O$)。碘广泛分布于自然界中，在岩

石、土壤、水和空气中都含有微量的碘。如果自然环境中缺碘,即土壤和水中含碘不足会造成植物和动物缺碘,从而使人体摄碘不足而发生碘缺乏病。由于碘是非金属元素(纯净的碘是黑色的结晶体),又是强氧化剂,游离态的碘可与大多数元素相结合。因此,自然界中的碘以化合物的状态存在,土壤、水、空气、动植物及人体中都有碘存在。由于碘的化合物分散度大、溶解度高,所以,碘化合物都溶解于水。这样,在水土易流失的地方,河流冲击的平原沙土地区,淋溶与冲刷造成碘的大量流失,形成缺碘地区。人体内一旦缺碘,便会引起一系列疾病:孕妇缺碘可致早产、流产、先天畸形儿和先天聋儿;儿童和青少年缺碘,会出现智力低下,体格发育落后,青春期甲肿和甲减,严重的会出现白痴、呆傻;成年人缺碘,可能引起甲肿和碘性甲亢。由此可知,碘是人体生长发育必需的微量元素。

早在公元前 3 世纪,庄子书中就称甲状腺肿大为“瘿”,并提出用海带、海藻和昆布治疗。隋朝巢元方已指出甲状腺肿大的发生与地区的水土有关系。晋代葛洪在《肘后方》中,明朝李时珍在《本草纲目》中,都归纳说海产植物(海带、海藻、昆布)均为主治瘿病的药物。在国外,印度、埃及和希腊的古医学最早提到甲肿。1850 年,法国植物学家查廷首先发现甲状腺肿大与缺碘有关,提出碘可以防治这种病。甲状腺激素的主要作用在于促进人体的代谢,以及与代谢有关的生长发育过程。

二、碘盐是"智力元素"

碘有"智力元素"之美称，一个正常人体内含碘量约为30毫克(20～50毫克)，相当于0.5毫克/千克。其中80%～90%来自食物，10%～20%来自饮水，仅5%左右来自空气。含碘最高的食物为海产品，如海带、紫菜、鲜带鱼、蚶干、干贝、淡菜、海参、海蜇、龙虾等。其中海带含碘量最高，干海带中达到240毫克/千克以上，其次为海贝类及鲜海鱼。陆地食品则以蛋、奶含碘量最高，其次为肉类，植物含碘量最低，如蔬菜和水果相当于0.5毫克/千克。人体中的碘主要集中于甲状腺，为8～15毫克，甲状腺组织内含碘均值为0.4毫克/克，其他组织中含碘量：肌肉为0.1毫克/克，脑为0.02毫克/克，肝为0.02毫克/克，淋巴结为0.03毫克/克，卵巢为0.07毫克/克，头发为0.015～0.167毫克/克，血液中的碘量与海水含量近似，为30～60毫克，肾、甲状腺、乳腺也从血液中浓集少量的碘，正常人每天从食物中摄取150～250毫克的碘。按每人每月吃500克盐计算，以0.5/万比例加工的碘盐每天进入人体内的碘只有0.8毫克。而中华人民共和国药典规定：用碘化钾治疗甲状腺肿，常用量一日可服3克，其中含碘2.29克。我们食用碘盐每天进入人体内的碘只是一般治疗用碘剂量的0.35/万，不会带来任何害处。

另外，碘是无机、有机碘化物的基本原料，碘及其化合物在医药、化工、农业及环境保护方面的应用也十分广

泛，碘还是重要的战略物质，可作原子反应堆材料和火箭固体燃料的添加剂。

三、碘缺乏病的测试与防治

碘缺乏可导致甲状腺肿大和地方性克汀病，碘过量则可使甲亢的危险性提高，也会使隐性的甲状腺免疫性疾病转变为显性疾病。2009 年，国际控制碘缺乏病理事会发布公告称：在科学监测下补充适量的碘，从多方面提高了人群的健康水平。补碘的益处远远大于碘过量引起的相对较小的风险。

如何测试自己有无碘缺乏病？先体会自己的喉头有无堵塞的感觉？近来体重是否大增或骤减？是否比以前爱出汗？是否感觉冷，常打冷战？脉搏是否有所加快？皮肤是否比以前干燥？父母是否有过患甲状腺肿的病史？如果上述测试有问题，就说明自己体内缺碘，应及时食用加碘盐，适当补充碘。

1. 1990 年 9 月，71 个国家首脑会议签署了《儿童生存、保护和发展世界宣言》，确定了 2000 年全球实现消灭碘缺乏病的目标。1991 年，我国总理李鹏代表中国政府签字，向国际社会承诺到 2000 年在我国消灭碘缺乏病。为了提高中华民族的整体素质，我国从 1994 年起，将每年的 5 月 5 日定为“碘缺乏病防治日”。于是从 1995 年起我国开始在食盐中加碘（即每千克食盐中碘含量达到 40 毫克），并确定了碘盐标志。其图形组成为：取化学元素碘的符号 I 的小写字母 i，形象为一健康人，人体内有一

“碘”字，外有一代表食盐晶体的正方形，两角有“食盐”二字，如右图所示。

2. 加碘盐是在食盐中加入0.01%的碘化钾而制造的，为使碘化钾不分解，添加0.01%的氢氧化钙和0.1%的焦硫酸钠。如果采用了硅酸钠铝，则需要添加0.037%的右旋糖（dextrose）和0.062%的碳酸钠作为稳定剂。

3. 如何把碘剂均匀地加入到食盐中，并使食盐中的碘剂稳定，尽量减少食盐在生产、运输、销售和食用过程中碘的损失呢？国际上发达国家使用的碘剂为KI（碘化钾），发展中国家一般使用KIO_3（碘酸钾）。碘化钾的优点是含碘量高，溶解度大，使用方便，但稳定性差。碘酸钾的优点是稳定性好，储存运输期间损失小。

食盐加碘有两种方法，即干法和湿法。

（1）干法加碘：此法要求食盐的颗粒为均匀细粒，否则由于碘的颗粒比较细，重量比盐重，容易沉到容器底部，不能与食盐混合均匀。美国食盐加碘采用干法加碘，即精盐进入散装筒仓，然后，食盐和添加剂（碘化钾和稳定剂）分别通过计量加料器进入混合器，进行充分混合，将制成的加碘食盐进行自动称量包装。

（2）湿法加碘：湿法加碘分滴注法和喷雾法两种。①滴注法。食盐在送盐皮带机或螺旋输送机上运行，将配好的碘剂和稳定剂的液体借助重力压差，用滴管均匀

滴入运行的盐上，经混合制成加碘盐。②喷雾法。根据皮带输送带上食盐量的变化，采用传感技术，利用微机控制，实现数字PID调节，可快速准确地将配好的碘剂溶液及添加剂溶液喷雾到食盐上。然后，经混合器均匀混合制成加碘盐。此法加碘稳定、均匀，自动化程度高，是国际上推荐的先进方法。

4. 食盐加碘，按照国家标准规定，每50千克盐含碘在20～50毫克为宜，也是说每千克35毫克，正负误差为15毫克。加碘盐就是在食盐中加入碘化钾，其浓度一般采用1∶20 000的比例。如果每人每日摄入碘盐5～15克，就能获得碘化钾150～300微克（碘化钾含碘76.5%）。由此，每人每日摄碘量100～150微克，足够防治碘缺乏病。

防治碘缺乏病的最根本措施是食盐加碘，这是被许多国家近1个世纪的防治工作所证实的，是各种补碘办法中最好的方法，它不仅安全、有效、经济和容易推广，又符合微量、长期及生活化的要求。食用加碘盐有如下几个优点。

1. 安全、有效　我国食盐国家标准要求：碘盐含碘量，出厂产品不低于40毫克/千克，销售不低于30毫克/千克，用户不低于20毫克/千克。食用这种碘盐即可保证每日对碘的需要量。如果每人每日吃进5～15克（平均10克）的碘盐，每天即可获得100～300微克（平均200微克）的碘，足以满足人体的生理需要量，这样的剂量既不会造成浪费，又不会造成任何不良反应。防治实践证明，碘盐防治碘缺乏病是安全有效的，许多发达国家使用

碘盐已经消除了碘缺乏病。

2. 生活化、长期性　由于外环境缺碘，人类需要长期适量补碘。而人类不论种族、民族、年龄、性别都必须每月吃适量的盐，所以，食盐是补碘的最好载体。通过吃碘盐，能保证补碘的生活化、适量化及持久化。

3. 经济、易推广　食用碘盐是很经济的，用钱少；只需花少量的钱即可解决防治疾病的大问题，即使对一个十分贫穷的国家也是可以接受的。

人体一天需要摄取多少碘才能保持平衡呢？中国营养学会推荐碘的膳食摄入量：0—3岁，50微克/日；4—10岁，90微克/日；11—13岁，120微克/日；14岁以上，150微克/日；孕妇，200微克/日。人体所需的碘主要来自食物，其中植物占59%，动物占33%。由于人体大部分碘来自植物和动物，而粮食、蔬菜缺碘，主要是土壤缺碘，而土壤碘的自然界补充相当缓慢，据估计，要经过1万～2万年才能把土壤中的碘补充到熟土壤程度。

四、怎样在烹调时提高碘利用率

碘的化学性质极不稳定，如炒菜放碘盐而油炸遇热，会破坏碘质，为提高碘的利用率，关键在于正确的烹调方法：①适时放盐。炒同种蔬菜，出锅前放盐，碘的利用率为63.2%，而油锅烧滚时放碘盐，则为18.7%，因为碘遇热而蒸发多。②用油合理。用油不同，碘的利用率也不同。如用动物油烹调土豆，油锅烧开时放碘盐，碘的利用

率为2%；而用豆油可增到25%，若再加点醋，利用率可提高至47.8%。③配炒食品得当，如番茄炒土豆，碘的利用率为53%，番茄炒鸡蛋为62%，番茄炒黄瓜为61%，番茄炒青椒为77%。

新买来的或剩余的碘盐，最好装入陶瓷或玻璃制成的容器，在储藏盐的皿口蒙上黑布，上面加盖或松紧带，使容器保持密封的状态，使碘盐与外界空气隔绝，保存5～10天即可。储盐器存入地点要远离灶台，避免受高温的影响；要放在阴凉、干燥处，避免碘盐受日光暴晒和吸潮；要放在背风处，避免碘质随时挥发；要放在避雨处，防止雨水淋湿碘盐，造成碘质的损失。

五、哪些人应慎吃加碘盐

1. 非缺碘地区的居民　像山东菏泽地区的一些县，属于高碘地区，已经取消了强制补碘；还有以海鲜为主要食物的渔民，据计算，日摄入海鱼750克以上的人群就不需要再补碘了。

2. 甲亢患者　甲亢患者不需要食用碘盐，因为补碘会增加甲状腺激素的合成，加剧病情。

3. 甲状腺炎患者　甲状腺炎患者不需要食用碘盐，因为补碘会加重炎症症状。

4. 甲状腺瘤患者　甲状腺瘤患者是否食用碘盐，听从医嘱为宜。

5. 甲状腺功能减低患者(俗称甲减)　这类人是否需要补碘目前存在争议，因为甲减的致病因素是多样的，最

好听取医生的意见。

6. 其他甲状腺疾病患者　通常认为只有甲状腺肿大患者需要补碘，但实际上缺碘和碘过量都能诱发甲状腺疾病，所以还是需要结合病情和自身的碘营养状况，在医生的指导下做出选择。

六、如何鉴别真假碘盐

1. 质量　精制碘盐，质优、味纯，颗粒均匀，用手抓捏，盐为松散状态，鼻闻无臭味，口尝有咸味。假冒碘盐含杂质多，为工业废渣和硝酸钾，手抓呈成团状态，难分散，尝尝咸中带苦涩味，闻之有氨气刺鼻。

2. 数量　精制碘盐，斤两充足，符合国家计量标准。假冒碘盐为私人土法生产，偷工减料，斤两不足。

3. 颜色　精制碘盐色泽洁白，达到国家标准规定的理化指标。假冒碘盐呈杂色，有淡黄色、暗黑色，易受潮变色，盐袋内碎稻草、污泥，肉眼可见。

4. 包装　精制碘盐包装为纸质环保袋，印有“加碘盐”防伪标志和生产日期，单位名称，并且字迹清晰，手搓不掉，袋质较厚，封口整齐，密闭牢固。假冒碘盐为聚丙烯包装，比较单薄，烫口不齐，多为手工烫缝，易破裂，字体模糊，手搓容易掉色。

我国对盐业实行归口管理。盐产品生产实行总量控制和专营。全国设立的各级盐务管理局及相应设立的盐业公司，对管理和供应食盐（碘盐）起了很大作用。如果你要选购食盐，最好去那些有食盐零售许可证的商

店或超市去买，切莫到无证摊贩上买盐，以免上当受骗。

七、怎样认识碘盐和碘片对核辐射的防护作用

2011 年 3 月，日本发生特大地震，引起福岛核电出现核辐射，牵动世界各地人们的心，“盐荒”谣言像病毒一样迅速传开，我国的抢盐和美国的抢碘风波，都是对危机的恐慌。

核辐射主要为 α（阿尔法）、β（贝塔）、γ（伽马）3 种射线。它辐射的剂量是以毫西弗或微西弗来表示，1 毫西弗等于 1000 微西弗。核辐射对人体和生物的伤害，与核辐射的剂量、人体暴露于核辐射的时间及核物质的半衰期有关，严重者可立即致死。核辐射对人体威胁最大的就是导致白血病和甲状腺癌。急性放射病可出现恶心、呕吐、疲劳、发热和腹泻，严重的有感染、出血和胃肠症状。而核辐射对人体伤害的途径，主要是经由呼吸吸入、皮肤伤口进入，通过食品和饮水从消化道进入体内。在核泄漏后的核污染中，放射性碘占很大成分。放射性碘主要通过吸入污染的空气、食入污染的食品和水对人体造成的伤害，同时可通过皮肤吸收和沉积的放射性碘产生的外辐射等对人群造成伤害。为了避免或限制放射性碘在人体甲状腺的沉积，需要口服非放射性碘片，使甲状腺的碘元素处于饱和状态，从而阻止外来放射性元素的吸入沉积。

防止含放射性碘的核辐射，补碘的正确方法是服用

碘片。碘片是碘化钾的通称,含有稳定碘。如果服用足够剂量的碘片,既可阻止放射性碘进入甲状腺,而且还可以促使放射性碘从尿中排出,所以碘片既是拮抗药,也是一种促排药。一般服用碘片30分钟后,即可阻止空气和食物中的放射性碘被人体吸收。

我国规定碘盐的碘含量为每千克20~30毫克。按人均每天食用10克碘盐计算,可获得0.3毫克碘,而碘片中碘的存在形式是碘化钾,碘含量为每片100毫克。按照每千克碘盐含30毫克碘计算,成人需要一次性摄入碘盐约3000克才能达到预防效果,远远超过人类能够承受的盐摄入极限。所以,碘盐中的碘含量起不到预防放射性碘的作用,即使是碘片,也只能阻断放射性碘的吸收,对其他放射性物质是没有防护作用的。

总之,科学用盐,适当食用碘盐,能收到防治碘缺乏病的良好效果。食盐加碘是一个内涵深远、意义重大的智力工程,是造福社会、造福后代的伟大事业。

第6章　盐的种类

盐的种类十分广泛，单说食盐，如果从再加工的角度可分为大盐、加工盐、精制盐、低钠盐 4 种：①大盐（即海盐），是海水蒸发，氯化钠结晶析出而成。质量高的大盐，氯化钠含量可达 96%左右，一般用于腌菜、腌肉、腌鱼等；②加工盐（即二盐），是以大盐磨制而成的盐，盐粒较细，易溶化，适用于作为一般调料；③精制盐（即再制盐），是大盐溶化成卤水经过除杂处理后，再经蒸发后结晶的产品。精制盐呈细粒状，色泽洁白，适合于作调料；④低钠盐，是一种特别含氯化钠很少，但又有一定咸味的食盐，这种盐主要供肾病、高血压、冠心病等患者食用。

随着时代的发展，作为调味品的食盐开始改变单一功能，转为向多品种、营养化、保健性发展。在国外，许多西方国家，营养盐的开发已经达到较大的规模，并且发展迅速，他们强制性要求在食用盐中加入某些微量元素，以保持人体生理平衡，达到保健作用。

日本是世界上开发多品种营养盐较早的国家之一，他们每年食盐消耗量为 50 万吨，而营养盐就占了 15%，品种多达 200 多种。美国是世界上产盐量最多的国家，包括餐桌盐、营养盐在内的食盐年产量高达 200 万吨，其中营养调味盐、药用盐约占食盐消耗量的 8%。总之，国

外营养盐的生产之多，品种之多，推动了盐业的迅速发展，提高了人民的身体素质。

2000年2月在菲律宾召开的亚太地区食品营养强化论坛，认为营养食盐是最贴近大众的营养品，并把它确立为解决亚太地区人民长久以来微量营养元素缺乏的最佳途径。原因在于营养食盐相对于众多功能性食品和保健食品独具优点：第一，方便。营养食盐应用广泛，一日三餐，既调味又调节机体营养平衡，省时省事，极为方便。第二，经济。营养盐价格经国家物价部门严格审批，批零差率相对较小，与同类功效的保健食品相比，价格十分低廉，二元多钱一包，是最经济、最实惠的大众营养保健品，每人每天仅多花几厘钱就能达到补充各种微量元素的目的。第三，安全。食盐关系到国计民生，国家实行专营，并制定各类营养盐的国家行业质量标准，实行严格的定点准产证制度，营养盐质量过硬，较少有假冒伪劣食盐生产销售。第四，有效。食盐作为人们一日三餐必需的调味品，摄取量是基本均衡的。因此，添加微量元素，按科学配方精制而成的营养盐就自然保证了人们所摄取的微量元素在所需范围内，杜绝了微量元素缺乏及补充过多对人体的威胁，既科学又有效。（《湖南日报》2001年3月21日）

现代营养科学向人们提示，人们进食的真正目的并不是为了单独填饱肚子，而是要从外界摄入人体生命活动所需要的各种营养素。人们在正常的生长发育和生存活动中，大致需要50多种营养物质，这些营养素有蛋白质、脂肪、糖类、维生素和无机盐五大类。无机盐即矿物

质，尽管它们数量不多，但也是构成人体健康的重要成员，含量较多的有钙、镁、氯被称为常量元素，而含量较少的铁、锰、钠、碘、锌、硒、氟、钴等被称为微量元素。在人体内，许多微量元素是生命活动和生长发育及维持人体正常生理功能所必需的。

传统医学提倡“医食同源”“药食同用”，最早懂得从食物摄取各种营养，以强身壮体。“药补不如食补”，只有懂得营养知识，进行科学饮食，自觉地合理地摄取各种营养，才能使人们保持健康的体魄、旺盛的精力，从事和完成各种社会活动。随着社会的发展，人们的膳食发生了根本的变化，由过去吃盐调味为满足，转为吃盐要有多品种，讲究科学营养，对食盐要求应具有调味、保健、滋补的功能。

强化营养盐是以现代营养学、生命科学为理论基础，以普通食盐（即优质精制盐）为载体，有针对性地将人体必需的各种营养元素，科学组合搭配而成的营养调味品。也就是说，强化营养盐是根据特殊要求，按照科学配方，将微量元素制成各种食品营养强化剂，通过一定方法和按一定比例，加入食盐中，来提高食盐的营养价值。添加的食品营养强化剂一般为矿物质类和维生素类，其基本功能是在调味的基础上，调节人体生理功能，维持正常代谢，增强免疫力，它们具有健康、安全、方便、经济的特点，深受不同年龄、不同性别、不同身份的消费者欢迎。为满足消费者更多更高的需求，我国各种营养食盐从单一品种逐渐向多元化方向发展。营养食盐在于均衡补充人体所需的多种营养成分，成为人们膳食生活中不可缺乏的

一部分。

一、降低心脑血管病发病率的低钠盐

钠在人体内大部分存在于细胞外液中，是细胞外液中的主要阳离子，参与血浆容量、渗透压和酸碱平衡的调节和维持。另外1/3储存于骨内无机盐中。它维持人体正常神经肌肉的兴奋性，也是各种体液的重要组成部分。如果人体缺钠，会出现倦怠、眩晕、肌无力、食欲缺乏。而过高摄入钠也会引起水肿、高血压。普通食盐是一种高钠盐，含氯化钠达90％以上，吃盐太多会使人体钠钾比例失调，从而诱发高血压和心脑血管、肾病。由此，每人每天摄钠量为5克，而高血压及水肿患者更要限制钠的摄入量，每人每天以2克为宜。现代医学研究证明，降低钠的摄入量，增强钾、镁等微量元素能有效降低高血压、心血管疾病的发病率。低钠盐是以精盐为原料，再添加一定量的氯化钾和硫酸镁，调低食盐中钠含量的食盐新品种。低钠盐老幼适宜，尤其适合高血压患者食用。

二、预防骨质疏松的钙强化营养盐

钙是人体内最重要的、含量最多的矿物元素，约占体重的2％。广泛分布于全身各组织器官中，其中99％分布于骨骼和牙齿中，维持它们的正常生理功能；1％分布在机体的软组织和细胞的外液中，对体内的生理和生化反应起重要的调节作用。

钙的主要生理功能包括形成机体的骨骼、牙齿等硬性组织，是细胞内的化学信使，影响神经细胞的传递，保证神经、肌肉的正常兴奋性，参与凝血过程。如果人体缺钙，会使牙齿易损坏或脱落，成人会有骨质软化症、肌肉痉挛、血液不正常。每人每天摄钙量为 600 毫克，主要来源于奶制品、海带、大豆等。钙强化营养盐，以乳酸钙和真空精制食盐为主要原料，经科学方法精制而成，是集营养、调味于一体的最佳佐品，它适用于各种需要补钙的人群。每天食用钙强化营养盐，可使人们不知不觉得到补钙的效果，对那些患有骨质疏松、软骨病的人大有帮助。

三、治疗缺铁性贫血的铁强化营养盐

铁占人体的 40/100 万，成年人体内含铁 4 克，其中 70％为功能铁，主要分布在红细胞的血红蛋白分子中，另外的 30％储存在肝、脾和骨骼中。机体对膳食中铁的吸收利用率为 10％。铁的主要生理功能为铁与蛋白质结合构成血红蛋白和肌红蛋白。铁维持人的机体的正常生长、发育；参与体内氧气和二氧化碳的转运、交换和组织呼吸过程，是体内许多重要酶的组成成分。如果缺铁，会使人的体质虚弱，皮肤苍白，易疲劳、头晕，对寒冷过敏，气促，甲状腺功能减退；如果摄入过量的铁也将产生慢性或急性铁中毒。铁可来源于动物的肝、胃、猪血及海带、黑木耳等。铁强化营养盐选用乳酸亚铁、葡萄糖酸亚铁、柠檬酸铁等元素为强化营养剂与优质精盐配制而成，对

于妇女、婴儿和中老年人因缺铁而引起的缺铁性贫血大有裨益。

四、抗氧化的硒强化营养盐

硒属于半金属元素，是人体健康的保护神。它具有抗氧化作用，可以保护细胞膜、心肌和血管壁，还能抗砷、铬、铅、汞等有害物质的侵袭，并提高人体肌肤的免疫功能。如果缺硒会出现微血管出血、心肌坏死和患克山病等。硒强化营养盐添加亚硒酸钠元素为强化营养剂配以精盐制成，长期食用，对人体十分有益，可防止克山病、大骨节痛、心血管病、高血压及精神障碍等疾病。

五、强化蛋白质代谢的锌强化营养盐

锌元素在人体中承担着重要的生理功能，动物性食品中含锌较丰富。锌是毒性较弱的元素，从膳食中摄取一般不会发生锌中毒。锌的主要生理功能是参与蛋白质、糖类、脂类、核酸的代谢；参与基因表达维持细胞膜结构的完整性；促进机体的生长发育和组织再生；保护皮肤和骨骼的正常功能；促进智力发育；改善正常的味觉敏感性。如果缺锌，会导致贫血、味觉减退、皮肤粗糙、色素增加，影响儿童的生长发育。每人每天摄锌量为10～12毫克。锌强化营养盐，以食盐为载体，添加葡萄糖酸或乳酸锌、硫酸锌等加工而成，对肠胃无刺激，无任何不良反应，是幼儿、孕妇和老人的理想补锌佳品，还对帮助儿童提高

记忆力及身体发育有明显作用。

六、促进甲状腺素分泌的加碘盐

人体内含 20～25 毫克的碘存在于甲状腺中，促进和参与甲状腺素的合成，而甲状腺素有调节机体代谢，促进生长发育，维持正常的神经活动的功能。每人每天摄碘量，男性需要 140 微克，女性 100 微克。如果缺碘会导致甲状腺肿大，影响皮肤光泽和健美，容易生皱纹；如果孕妇缺碘会使婴儿生长缓慢，造成智力低下或痴呆，甚至易患克汀病。人体需要的碘，来源于饮水、食物，如海带、紫菜、虾米或海盐，它们含碘量丰富，但是，高碘同样能引起甲状腺肿、甲状腺功能亢进、甲状腺功能低下、甲状腺癌和慢性碘中毒等各种疾病。由此，补碘要适当，食用加碘盐，切莫再补碘。加碘盐是在精制食盐中加入碘化钾而科学配制的盐种，它虽然不是营养盐，但对防治碘缺乏病有一定的疗效作用。

七、非食用盐

非食用盐，这种盐是不能食用，只能外用的，它包括沐发盐、沐浴盐、沐足盐、洗涤盐等盐种。

1. 沐发盐　以天然盐为载体，添配一些首乌、薄荷精油等含有中草药物成分的物质，是按照科学配方制成的，它能洗涤头发污垢，减少头皮屑的生成，促进头发的再生，起到亮发、润发的作用。

2. 沐浴盐　是以精盐为主，选用一些名贵的花叶、花油。经高科技配制的海水型天然沐浴盐，能使人消除疲劳，营养肌肤，软化角质，令人肌肤光滑，富有弹性。这种沐浴盐，适宜男女老少，特别是皮肤干燥、粗糙的人群。此盐有玫瑰花型、茉莉花型两种。

3. 浴足盐　是选用通经活络、化瘀、抑菌、消炎的名贵中草药科学配制的日用盐，它能渗透人体脚部毛细血管，促进脚部血液循环，调节浴足者心理、生理功能，增强新陈代谢，减轻脚跟因血液受阻而引发症状的疼痛，经常沐足，效果甚佳。

4. 洗涤盐　以普通精制盐为主，经科学配方，添加适量的杀菌剂，可以洗涤各种水果、蔬菜，既可杀菌消毒，又可去除有害物质，适宜家庭、酒店、宾馆、食堂使用，还能清洁一切餐具、茶具。

任何一种强化营养盐，不但是饮食的调味品，而且是人体的保健品。如果是合格产品，消费者食用应该是没有副作用的。但是，营养盐只适合部分有特殊需求者，并不是适合于所有人。因此，我们不能盲目使用营养盐，一定要先了解自己的身体是否需要添加营养素，然后按需选择购买。如今，随着人们生活水平的提高，营养保健意识的增强，一系列营养盐将逐步走向市场，走入寻常百姓家，成为人们餐桌上美食的最佳调味品。

第7章 盐与饮食

人类在地球上生存，已有很长的发展历史，远古时代，原始人类不知熟食，“食草木之实，鸟兽之肉。”上山下海，将猎获的动物肉类和树上野生果实进行生食，过着“茹毛饮血”的原始生活。随着火的发现和使用，从元谋猿人文化时期，人类饮食结构才有了根本变化。从生食转为熟食的飞跃，有了“钻木取火”到煮熟食物的过程。但是，人们习惯抓食掬饮，只知道尝尝食物的本性，只烹不调，不懂得调味，饮食是单调而乏味的。

烹调，“烹”起源于火的利用；“调”起源于盐的利用。人类从掌握烹调方法，至今，能够做出各种美味佳肴，说明盐的作用至关重要。因为盐，既是人们生活中不可缺少的咸味剂，又是人体必需的营养素。

在人类文明的历史长河中，盐始终与饮食文化的演进相伴相随。盐是人类认识最早的结晶体之一，它不仅是人类生活不可或缺的必需品，而且是饮食文化孕育、衍展的基因和传承密码。随着人类文明的进步，食物的品种越来越丰富，烹调技术越来越考究，对食品的色、香、味的需求也越来越高，不少佳肴名馔的问世及烹调技术的提高，多与盐的精妙有关。在洋洋大观的食谱菜肴中，盐不仅是一种提供咸味的物质，而且被科学和艺术地与其

他调味品配合，产生出绝佳的食用效果。

人类的生存是与盐有缘的。据说，原始人偶尔将掉在草灰上、沾有咸味的食物捡起来尝尝，竟使人类胃口大开，致使体魄健壮起来，十分有力。从此，人们开始执著地寻找食盐。其实，人类的原始生命是在大海中产生的。当人类经过漫长的年代，生活在大陆上，维持生活必需品——海盐，已深深地潜入人类的体内。人类血液及体液中无机盐类与海水盐类的组成非常类似，所以说，盐是人类生命的起点。相传炎帝时代，“夙沙氏煮海为盐”(《世本·作篇》)，我们祖先最早就煮海水熬成盐，学会用盐来调味，以取其咸味。《尚书·说命》载：“若作和羹，尔惟盐梅”。盐是菜肴的基本味，只有盐，才能“五味调和百味香”。《左传·韩献子》载：“民非食淡，谁能去盐，古者盐利与民共之。”盐对民食的重要性，很早就被人们所认识。“十人之家，十人食盐，百人之家，百人食盐。”说明食盐是人类赖以生存的重要物质。盐的发现和发明，是人类的一大贡献。而烹调的起源，就是熟食和用盐，使人类逐渐走向文明，由此，我们食物的构成逐渐有了新的变化。没有食盐的应用，就没有中国烹调的发展。

在我国饮食文化史上，“烹调”二字是以人们会利用“火”为“烹”之始，而“盐”被认作“调味”出现的标志。也是说，火和盐对人们饮食烹调有着不可磨灭的贡献。

一、盐是天然调味品

盐，是地球上最有用、最让人感到惊奇的矿物质。在

日常生活中，盐是难以替代的调味品，它为我们的生活和食物都点缀上了奇妙的色彩。

在台湾，流行这么一句俗语：“吃尽滋味盐好，走遍天下娘好。”盐与亲娘相提并论，还有什么更高的比喻呢？食盐既是“百味之首”，又是“五味之王”。它与人类饮食烹调生活有不解之缘，历经数千年而不衰。

在人类日常烹调生活中，食盐是最好的调味品。烹调是什么？烹就是加热，关键在于掌握火候，把经过洗净、切好的各种原料，通过加热变成人们食用的熟食；调就是调味，关键在于调料的选择和配合，通过加入调味品或几种原料的配合，去除菜肴的异味，增加美味。任何食物只有经过厨师妙手烹调，才能使菜肴达到有色、有香、有味、有形。如果一道菜肴不放盐，任它色鲜形美，也是使人如同嚼蜡，没有味道。所以，这是食盐的精髓所在。

在唐代，相传四川有位名叫詹厨的炒菜能手，能做出一手好川菜来。一日，有位昏君考他：“天下何物味最美？”詹厨笑答：“盐味最美。”昏君大怒，就将詹厨杀了。此后，昏君每天吃山珍海味，但觉得索然无味，全身乏力。这时，昏君想起詹厨的话，试试餐菜用盐拌吃，果然味道最好，饭量大增，便后悔杀了詹厨。由盐引起错杀人命，可见食盐如此贵重。在法国，也有一个民间故事，说是一个公主向她父亲宣称：“我就像爱盐那样爱您”。父亲被她的轻慢所激怒，将女儿逐出王国。后来，他被禁止摄盐，方才真正认识到盐的价值，因此，明白女儿对他敬爱的深度。一个人每天要吃饭，要是菜里无盐，就会食而无味，食欲大减。东汉皇帝王莽曾经说过：“盐为食肴之

将”。不论哪一级厨师，凭他有炒、煎、烧、焖、烹、拌等十八般手艺，菜中不放盐，是无法让人心服口服，拍手叫好的。人们常说：“巧妇难为无米之炊”。同样，名厨难为无盐之炊。宋代大文豪苏东坡有诗赞曰：“岂是闻韶解忘味，迩来三月食无盐。”其意思是，很少听到这美妙的音乐，就像一个人一日三餐吃饭的菜里无盐，而感到没有味道。也就是说，食盐是助味的，令人吃饭口香、味甜。

盐，是人们膳食中不可缺少的调味品。梁代名医陶弘景说过：“五味之中，惟此（指盐）不可缺。”五味是由酸苦甘辛咸所组成。从烹调角度来看，盐为五味之重，味中之王。“酸甘辛苦可有可无，咸则日用所不可缺。酸甘辛苦各自成味，咸则能滋五味。酸甘辛苦暂食则佳，多食则厌，久食则病。咸则终身食之不厌，不病”（《调疾饮食辨》）。一个厨师和家庭主妇（或主男）能炒出一桌丰盛的美味佳肴，都是与食盐的辅佐和调味离不开的。

盐的性味是咸味，咸味是调味的主体，能独立调味的基本味在烹调中占有十分重要的作用。食盐不但突出原料本身的鲜美味道，而且能够去腥、保鲜、解腻、除膻、杀菌、防腐，任何菜肴都离不开咸味，即使是甜味菜肴，也要加适量的盐，才能使味道浓醇甜美，可口。人们通过三条途径来获得食盐：一是食物中的自然含盐量；二是食品加工时添加的盐；三是烹调进食时加入的盐。

咸味食品，是指靠人的舌头可以品尝，辨觉出含有咸味的天然食品。而咸味食品所指有二：一是可直接食用的有咸味的可口天然食品；二是指靠某种可起调味作用的咸味食品（如食盐），混合进其他一些天然食品，调成的

以咸味为特色的美味食品。二者可调制成咸味食品。

海盐和井矿盐,哪种盐更有营养?据营养专家介绍,盐的主要成分是钠,从营养角度来说,海盐和井矿盐都没有区别。但是,井矿盐的品质比海盐更好。第一,井矿盐原料采自千米深井以下侏罗纪地质年代的天然卤水和岩盐矿床,富含各类天然矿盐元素,杂质很纯净。第二,井矿盐炼制原理是通过全密封真空工艺精炼而成,未破坏其原有物质,是纯天然的,井矿盐在色泽和形状上均优于海盐。第三,随着现代工业的发展,有害物质对海盐的原料、海水的污染日益严重,而井矿盐的原料不受任何影响。

地不分南北,人不分老幼;无盐不成餐。盐是“百肴之将”,它在菜肴制作中的重要作用主要体现在以下几个方面。

1. 调配菜肴的味型　中国菜以味型丰富而著称,众多的味型中,绝大多数以咸味为主味。即使是不以咸味为主的菜,也需要咸味加以辅佐。

2. 突出原料的鲜香　在一般情况下,盐味并无诱人之处,为什么食盐被奉为“百味之王”呢?这是因为只有少数烹调原料自身具有人们乐于接受的味道,而多数原料存在着不同程度的恶味。为了使其成为美味,除了加热或加其他调味品外,盐会起到“去恶扶正”的重要作用,即在烹调过程中抑制原料自身的腥恶之气,扶助原料中的呈鲜物质,增强菜肴的鲜香。

3. 调整菜肴的味道　实践证明,食盐除了可增鲜外,还对甜、酸、苦等味有积极作用。少量加盐,可增强甜味

和酸味，减弱苦味。多量加盐时，又能增强酸味和苦味，减弱甜味，纯甜味菜肴稍加一点食盐（以不显现咸味为限），会突出其甜味。所以，有一句谚语说得好："要得甜，加点盐。"

在北方人的饮食中，在渤海之滨的居民膳食中，食鱼虾或饮食菜肴讲究咸鲜，加盐比较多些。大家知道，食盐的主要物质是氯化钠，粗盐中除氯化钠外，还含有少量的氯化钾、氯化镁、氯化钡、硫酸钙、硫酸钠及一定量的水分。人们吃盐是为了吸收其中的钠，钠在人体内可产生"渗透压"，能够影响细胞内外水分的流通，维持体内水分的正常工作和分布，正常时，人体内的盐分是通过肾、皮肤和消化道来排泄的。

烹调，就是将切好配齐的蔬菜或肉类等原料，经过加热和调味，制成一道道成熟而完整的菜肴。厨师除了学会切料和配料、掌握火候，同时，怎样放盐也是不可忽视的重要环节。

清代文学家袁枚写过一部《随园食单》，谈到烹调的"调味须知"，他说"调味者，宁淡毋咸，淡可以加盐以救之，咸则不能使之再淡矣。"还有炒菜何时放盐好？清代无名氏《调鼎集》提到：做菜时，要注意一切作料先下，最后下盐为好。"若下盐太早，物不能烂"。因为盐能使蛋白质凝固，如果烧煮含蛋白质丰富的原料（如鱼汤），不可以先放盐。先放盐，则蛋白质凝固，不能吸水膨胀，就烧不烂了。

别看放盐那么简单，其实，放盐炒菜也有一定的学问，而且很深奥。常言道："好厨师，一把盐。"这把盐放得

好不好,关键在于厨师的放法。一个好厨师,应该是一位调味能手,善于驾驭调配五味。无论从饮食烹调或是从保健养生,好厨师只有了解五味,掌握五味,才能更好地调和五味,从而让人吃出健康,吃出幸福。所以,有位美食家评价好厨师的手艺,说"做菜最难的一手,就是放盐。"就是这个道理。一般来说,厨师在烹调时有两次放盐的机会:主料投入锅后,先加入盐量 1/3,当菜肴即将炒熟时,再加入 2/3,这是最科学的方法。这样既防止热油飞溅,去除黄曲霉毒素,又使蔬菜或肉类炒得味道更香。但是,有的人在锅里放油后与爆锅的葱姜一起放盐,有的人按先后顺序放盐,要根据烹调的菜肴而灵活掌握。

二、哪些菜肴在食用前放盐

夏天凉拌菜,一般在食前放点盐(即细盐),调理味道,然后,再加入其他调味品(如糖、酱油、醋)拌匀,这样,临时盐腌的凉菜脆爽清香可口,如凉拌莴苣,先去皮,切成条或片先用沸水烫一下,捞出再用盐腌,加入其他调味品拌匀后食用。如凉拌黄瓜,洗净切成薄片用细盐腌一会,去掉水分,加入其他调味品(糖)拌匀后食用。这些稍微腌制食物,使人吃后更觉脆爽可口。

三、哪些菜肴在炒前放盐

烹制块状蒸肉,宜在煎煮前先将食盐和其他调味品一次性投入,既去腥膻味,又使食物入味。如烧香酥鸡、

鸭时，应在鸡、鸭宰杀洗净后，先用细盐将鸡、鸭的外表和内脏均匀搓抹一遍，这样，蒸炸出来的鸡、鸭味道可口，酥烂透味。又如，烧整条鱼或炸鱼块时，先用适量的食盐稍微腌片刻，既有助于咸味渗入肉体，又可以防止鱼肉松散。再如，烧鱼圆或肉圆时，也先放入适量的细盐和淀粉来拌匀，然后，吃足水，烧出来的鱼圆和肉圆，既鲜嫩又泡松。

四、哪些菜肴在烹调时放盐

烹调红烧肉、红烧鱼时，先经焖透、炒透时放盐和调味品及水，然后，用旺火烧沸片刻，再用文火慢慢煮，这样，可使养分在适宜的温度下大量溢出，调味品就深深溢入肉内，烹制的肉块或鱼块，就会色深、味正、香浓、鲜美。另外，在做肉类菜肴时，为使肉类炒得嫩，在炒至八成熟时放盐最好。

五、哪些菜肴在烹调后出锅时放盐

烧爆肉片、回锅肉、炒白菜或芹菜等，应在全部炒焖透时放盐。如果过早放盐，原料会过早脱水，炒出来的菜质老而不嫩。煨猪蹄、煨鸡、煨鸭时，如过早放盐，不仅使猪肉或其他家禽的肉质难熟，而且会影响骨髓内的蛋白质、脂肪等成分的溶出，减少营养成分，造成不必要的损失。

六、哪些菜肴在烂熟后放盐

如肉汤、骨头汤、蹄髓汤、脚爪汤、鸡汤、鸭汤等荤汤，最好在肉类或骨头熟烂后放盐调味，这样，营养丰富，味道鲜美。主要是蛋白质和脂肪溶在汤里的结果。还有煮黄豆、烧豆腐等蛋白质含量丰富的菜肴，也应该在熟烂起锅时放盐好调味。

当然，有些菜炒时先放盐，也有 3 种好处：①能除去油中的一种较强的致癌物——黄曲霉毒素；②能防止热油飞溅；③有利于保持蔬菜脆嫩以及鲜艳的颜色。

七、如何根据不同需要灵活掌握放盐时间

用不同油炒菜应掌握放盐时间。比如用豆油和菜子油炒菜时，为减少蔬菜中维生素及其他营养物质的损失，应在烹调的蔬菜将熟时加盐。用花生油炒菜时，最好先放盐，可让盐中的碘化物解除花生油中黄曲霉毒素的毒性，用猪油、鸡油等动物油炒菜时，也应先放一半盐，可以减轻猪油、鸡油中残留的有机氯农药的毒性，然后再放入另一半盐。

还有要适时放盐，应根据火力的旺与不旺的情况灵活掌握，放好盐，才能炒出来好菜味。如果火力旺、蔬菜量又少，应该后放盐，以炒青菜来说，如旺火热锅，先下菜煸炒，待青菜水分未渗出，形状转瘪，色呈深绿色时，放盐最好。如放盐过早，会使青菜水分渗出或过早出汤，失去

嫩脆，使水溶性维生素大量丢失。同样，炒肉过早放盐，也会使蛋白质凝固变硬，不能熟透，口感发韧。如果炉具火力不旺，最好把盐放入热油中，再放菜翻炒，由于盐的渗透作用，可使菜中水分早些渗出轻掉，弥补火力不足，缩短烹调时间，保护蔬菜的维生素，烹调用细盐，最好化成盐水使用，既清洁，又易入味。

总之，放盐或早或迟，应该灵活掌握，适时适量，才能炒出有色、有香、有型、有味的菜肴。由此，不妨摘取一段科学用盐的口诀，会有用处的。如“炖肉后放盐，炒菜用粗盐。炒菜后加盐，宴菜少用盐，豆腐加足盐，洗肠需用盐，甜菜略加盐。发料用粗盐，吊汤不用盐。鸡肴宜少盐，煮肚勿放盐。汤美少放盐，腌菜多用盐，退咸水加盐，蘸食用香盐。甜汤忌用盐，发面稍加盐。”

另外，无论在家宴，还是在酒席，上菜时顺序也有讲究。清人袁枚《随园食单・上菜须知》曰：“上菜之法：咸者宜先，淡者宜后；浓者宜先，薄者宜后；无汤者宜先，有汤者宜后。且天下原有五味，不可以咸之一味概之。”它的译文是：上菜有一定的技巧，味咸的菜先上，味淡的菜后上；味道浓厚的菜先上，味道寡淡的菜后上；没有汤的菜先上，有汤的菜后上。天下的菜肴本来就包括了酸、甜、苦、辛、咸五种味道，不能单以咸味概括。

盐保健康，延年益寿，必须懂得营养知识，进行科学饮食，主动地自觉地控制调节进食的质量和数量，以满足身体对各种营养物质的需求。

第8章 盐与养生

据报载:美国前总统里根享年93岁,他是美国最长寿的总统。他以前喜欢吃咸食,私人医生郑重将多吃盐的害处告诉了他。从此,里根对盐敬而远之,他说过:“谁要是想像我这样保持身体健康,最好少吃盐。”是的,少吃盐,会给你身体带来健康,生活带来快乐。

一、调和五味的盐

我们中华民族是个知味、善调的民族。从商周时期,中国古代人们就重视“五味”的养生益寿学说。早在2000多年前,我们祖先就提出“五谷为养,五果为助,五畜为益,五菜为充,气味合而服之,以补精益气”的膳食结构。延续至今,以谷物为主粮,蔬菜为主食,符合我国居民的饮食特点和生活方式。

“民以食为天,食以味为先”。古往今来,我们每天开门七件事,油盐柴米酱醋茶,都是围绕这个“食”字,食是生命活动的基础,也是人类健康长寿的根本保证。

品尝饮食美味历来是人生的一大追求。为了生存,人们必须讲究饮食,科学地摄取食物的五味和四性,来达到强身健体、益寿延年的目的。这五味是指酸、甘、苦、

辛、咸。传统医学认为：五味的味道不同，其作用也不相同，甘味有补益、取暖的作用，辛味有发散、行气、活血的作用，而咸味有泻下软坚、散结的作用。古书《素问·至真要大论》曰："五味入胃，各归所喜，故酸先入肝，苦先入心，甘先入脾，辛先入肺，咸先入肾。久而增气，物化之常也。气增而久，夭之由也。"说明了五味各自有其亲和的脏器，能增强脏气。一般来说，山西人爱吃酸味，湖北、西北人爱吃咸味，四川、湖南人爱吃甜味。真是一方山水养一方人，"南甜北咸，东辣西酸"，造就不同人群的性格。

调和五味要浓淡相宜，味道才能搭配相宜，（盐）入肾经，适量可补肾强骨。多食则伤肾，使人早衰。古代名医陶弘景也论证过："在酸、苦、甘、辛、咸五味里，只有这个（指盐）不能少。"西北部地区的人吃的食物不能耐受咸味，因而常常长寿，很少患病，且面部颜色好看；东南部地区人吃的食物味道非常咸，因而寿命减短，常常发生疾病。古典医书《内经》载："多食咸，则凝经而变色。"都说明盐与人体的利弊关系。

二、盐开水何时饮最好

据2007年8月29日《山西科技报》载：2007年2月1日，111岁的胡家芝在南京成功举办剪纸作品展，被授予"南京市文学艺术奖终身成就奖"。她是我国年龄最大的民间艺术家。胡家芝一日三餐十分简单，从不偏食、挑食。早饭是鸡蛋、麦片粥、十几颗红枣，午饭和晚饭是一碗小米饭、一些蔬菜，爱吃豆腐。她有一个养生秘诀：每

天早晨起床后，先喝一杯淡盐开水，坚持了六七十年。她认为：睡了一夜，体内水分会减少，早晨起来喝杯淡盐开水能补充夜间身体代谢失去的水分，还能清洁肠胃，促进血液循环，预防疾病。她的"盐水养生法"成了全家人的"传家宝"。

"朝朝喝盐汤，晚晚饮蜜水。"这是古代民间广泛流行的养生法则。明朝李时珍《本草纲目》所载：盐"能去烦热，明目镇心，清胃中饮食热结"。蜂蜜"能治心腹邪气，益气补中，润脏腑，调脾胃养脾气，除心烦。"朝喝盐汤，晚饮蜜水，就是要利用盐汤和蜜水来清除胃肠中一天饮食的热结。热结既除，就不会有便秘，有助于消化，这样才能吃得好，睡得香，排得快，身体更健壮。

冬天天气干燥，常常使人上火，便秘，消化不良。中医养生学有句话："早喝盐水晚喝蜜"，尤其适合这个季节。"早盐晚蜜"是指早上起床后喝淡盐开水，晚上喝蜂蜜水。但是，要注意这一点，盐中含有大量的钠，会引起血压升高。因此，盐水的浓度要低，100 毫升水中含盐量最好不要超过 0.9 克。急性肾炎、肝硬化腹水、水肿患者，最好以白开水代替，以免加重肾和心脏负担。在国内外，特别是一些长寿地区，多有喝蜂蜜水的习惯。因为蜂蜜味甘无毒，主治心腹邪气，安五脏诸不足，补中益气，止痛解毒，久服强志轻身，不饥耐老。世界上对蜂蜜抗衰老和益寿的功能普遍关注。

现在一些学者否定了早上起床后喝一杯盐水的习惯，更新为喝白开水。因为，一个人早上起床时，人体内的血液已呈浓缩状态，此时，如饮一定量的白开水，便可

很快使血液得到稀释，纠正夜间的高渗性脱水；而早上喝盐开水则反而会加重高渗性脱水，令人格外口干。早晨是人体血压升高的第一高峰，喝盐开水会使血压更高。这对正常人无益，对血压高的人、老年人更有害。因此，早晨都不宜喝盐水。

如果没有大量出汗或其他特殊需要，没有必要饮用淡盐水，特别是没有必要养成早饮盐水的习惯。有时，为了口腔消毒，或缓解咽喉肿痛，用淡盐水漱口是一种有效的方法。但是如果在夏天运动出汗前，喝些淡盐开水，保证出汗后体内钠含量，可以维护细胞正常代谢，稳定细胞内、外渗透压，调节体内酸碱平衡，使人不至于出现身体疲惫、眩晕等症状。对于健康正常人，早晨适时饮点淡盐开水，可以迅速被机体吸收，起到稀释血液，增加血流量，预防脑血栓和动脉硬化的功效。

三、少盐多醋的养生之道

据近期我国对覆盖面达5.3亿居民膳食质量的研究发现：我国人民主要食物的人均消费水平已达到或接近世界卫生组织（WHO）2000年推荐的标准。但食盐量严重超标都是居民膳食不合理的突出问题。经测定的数据表明，我国人均每日食盐量为15克，超过世界卫生组织推荐值的174%。美国参议院的营养与人类需要精选委员会建议，每人每日消耗的食盐应由目前的10～24克，降为6克左右，足够供给人体的各种需要。这6克不仅指食盐，而且包括味精、酱油、酱菜等含盐调料和食品中

所含的盐。

日本学者发现，人的尿中含盐量与人的平均寿命有关。与食盐摄取密切相关的是胃癌，吃盐过多，会增加胃癌的死亡率。他们还发现，盐能促进胆固醇的吸收，导致动脉硬化，引起心脑血管病而缩短寿命。芬兰从 20 世纪 70 年代开始在全国推行低盐饮食，以减低人们对钠的摄取。结果，在短短的 20 年后，芬兰人的寿命平均延长 5～7 年。

近几十年，人们注意到“饮食有节，起居有常”的生活规律，总结出许多有益于人体健康的养生之道，其中一条就是“少盐多醋”。因为吃盐过多，会引起“咸少促人寿”(孙思邈)。摄盐量太多，就是吸收钠离子多，容易诱发高血压、肾性水肿和卒中等疾病的发生。老年人每天的食盐摄入量最好限制在 5 克以下。食入钠盐过多对人体有害而无益，特别对心脑血管病患者害处更大。癫痫病患者不宜过量摄盐，因为癫痫病发作是从间脑开始的，刺激间脑即可以引起癫痫发作。如果人体在短时间摄取过量食盐，钠离子可导致神经元过度放电，也能诱使癫痫病人发作。

还有摄取盐过多，不仅会引起水肿、高血压等疾病，还会引起女性月经某些症状，如果女性在经前大量吃盐，身体内储存的盐分和水分过多，在经期容易引起头痛、全身肿胀及心绪不宁，激动易发怒等现象。由此，女性在经前、经期内要注意少吃盐，多吃清淡、新鲜的食物，可以减少上述现象。

但是，若过度限盐会有一定的副作用。钠盐摄入不

足，会使机体细胞内外渗透压失去平衡，促使水分进入细胞内，从而产生程度不等的脑水肿，轻者出现意识障碍，包括嗜睡、乏力、神志恍惚，严重者可发生昏迷。若长期过度限制盐的摄入，会导致血清钠含量过低，从而引起神经、精神症状，出现食欲缺乏、四肢无力、晕眩等现象，严重时还会出现厌食、恶心、呕吐、心率加速、脉搏细弱、肌肉痉挛、视物模糊、反射减弱等症状，医学上称为“低钠综合征”。急剧限盐能使体液容量下降，肾素-血管紧张素系统及交感神经系统活性增加，可导致部分病人的血压反而升高。

医学实践告诉我们，低盐饮食对高血压病患者是非常有益的，但不是所有的人都需要低盐饮食。一个人是否需要低盐饮食，应视自己的健康状态而定。有肾病和慢性胃病者，应限制食盐的摄入量，以少吃盐为宜。除此之外，对于一般血压不高的人，不必刻意限制食盐的摄入量。

四、“餐时加盐”的限盐方法

最近，美国医学家比彻玛提出：“餐时加盐法”的限盐新方法，受到普通居民的欢迎，被誉为“吃盐方法的革命”。餐时加盐法，即指一个人在烹调时，或在起锅时少加盐或不加盐，而在餐桌上放一瓶盐，等菜肴烹调好，端到餐桌上再放盐。为此，食盐主要附着于食物或菜肴的表面，还来不及渗入其内部，口感主要来自菜肴表面，但吃起来咸味已够，与先放许多盐的口感一样。这样，既照

顾到口味，又不知不觉地控制用盐量。这种方法适合于一些健康人，对那些“咸中得味”的口味重的人也适用，更适合于高血压、肝硬化、无水肿的肾炎、无心功能不全的各类心脏病患者，同时，还可以避免碘盐的碘质在高温中的损失。

在我们日常饮食中，存在许多“隐性食盐”，不为人们所注意，如调料中的酱油、味精、醋；膨化食品如油条、面包、油饼、饼干；果仁类食品如薯片、话梅、火腿肠；还有蔬菜类的空心菜、豆芽、紫菜，都含有较多的盐。为什么这些食物中盐的含量这么高？因为，盐是一种用途极大的调味品，除了可以给食物增加咸味外，还有其他作用：①作为香味添加剂，盐能使食物更香，若是食物中含有苦的味道，还可以用盐来掩盖；②有利于食物保存，盐可以抑制细菌滋生；③盐能改善某些食物的内部结构，比如肉类，可以使其更加可口；④作为润色剂，盐能使肉类熟食的外表，看起来更具光泽、更诱人；⑤调节食物发酵，盐能维持食物的形态，还可以锁住食物中的水分。为了提高口味，这些食品中盐分含量都不低；而罐头、真空包装的方便食品、泡菜、盐渍食品中的盐分都非常高，应尽量少吃。世界卫生组织规定每人每天摄盐量不得超过 5 克，这 5 克不仅指食盐，还包括味精、酱油、酱菜等含盐调料和食品中所含的盐。

人们购买食品，应该了解食品的含盐量有多少。下面的数据是指食品每 100 克中的含盐量（克）。

速食食品　方便面 2.9；油条 1.5；咸大饼 1.5；咸面条 1.3；麦胚面包 1.2；法式面包 1.2；牛奶饼干 1.0；苏打

饼干 0.8。

肉类　咖喱牛肉干 5.3；老年保健肉松 5.3；咸肉 4.9；牛肉松 4.9；猪肉松 4.8；火腿 2.8；午餐肉 2.5；酱牛肉 2.2；叉烧肉 2.1；香肠 2.0；火腿肠 2.0；生腊肉 1.9；小红肠 1.7；红肠 1.3；宫爆肉丁 1.2。

鱼虾类　咸鱼 13.5；虾皮 12.8；虾米 12.4；鱼片干 5.9；鱿鱼干 2.5；虾油 2.4；龙虾片 1.6。

禽类　烧鹅 6.1；鸡肉松 4.3；盐水鸭 4.0；酱鸭 2.5；扒鸡 2.5；烤鸭 2.1；烤鸡 1.2。

豆制品　臭豆腐 5.1；五香豆 4.1；素火腿 1.7；豆腐干 1.6；兰花豆 4.1；素鸡 1.0。

蛋类　咸鸭蛋 6.9；皮蛋 1.4。

酱菜类　酱萝卜 17.5；苔条 12.6；酱莴苣 11.8；榨菜 10.2；酱大头菜 11.7；什锦菜 10.4；萝卜干 10.8；酱黄瓜 9.6；乳黄瓜 7.8；酱瓜 6.4；腌雪里蕻 8.4。

坚果　炒葵花籽 3.4；小核桃 1.1；花生米 1.1；腰果 0.6。

调味品　味精 20.7；豆瓣酱 15.3；酱油 14.6；辣酱 8.2；花生酱 5.9；甜面酱 5.3；五香豆豉 4.1；陈醋 2.0。

腐乳　红腐乳 7.9；白腐乳 6.2。

五、如何避免食物淡而无味又能少摄入食盐

针对我国居民的营养需要及膳食中存在的缺陷，中国营养学会提出清淡少盐的饮食原则。少盐食物不仅对于心脑血管疾病和肾病患者康复具有重要作用，而且对

于健康人群也有好处。

科学研究显示，正常人每日摄盐量不可多于6克，冠心病患者每日摄盐量从2～5克为宜。急性肾小球肾炎伴水肿及高血压患者以1～3克为宜，肾病综合征患者以2～3克为宜。但目前我国人群食盐摄入量普遍过多，特别是北方地区严重超标。要做到科学限盐，就必然要改变饮食偏咸的习惯，学会做既好吃又少盐的食物。

随意蘸盐法　做菜时只放极少量的盐，吃菜时在餐桌上放一小碟盐，可以随时取用。这种方法能有效限盐，因蘸到食物表面的盐尚未渗入食物内部，口感很咸，从而起到限盐的目的。

定量法　在啤酒盖中倒入食盐，当食盐顶部平啤酒盖边缘时，盐量约6克。酱油中约含20%的食盐。掌握了定量法，就可以将每日6克的限盐量按自己口味分配到一日三餐中。

以鲜代盐　鲜蘑、香菇、海米、紫菜等本身带有鲜香味，烹调时都可以少放甚至不放盐。平日多做些鸡蛋炒辣椒、西红柿、黄瓜鸡蛋汤、丝瓜鸡蛋汤等具有辣、鲜、酸味的菜将抑制自己对咸味的喜好。

以酸甜代盐　选择那些酸甜可口的菜，如醋熘白菜、糖醋鱼、凉拌糖醋圆白菜等同样也能起到限盐的目的。当然，做菜还有许多方法，现举例如下。

1. 利用蔬菜本身的自然风味。例如利用青椒、番茄、洋葱和味道清淡的食物一起烹煮。

2. 利用油香味。葱、姜、蒜等经食用油爆香后所产生的油香味，可增加食物的可口性。

3. 利用酸味减少用盐量。在烹调时，使用白醋、柠檬、苹果、柚子、橘子、番茄等各种酸味食物增加菜肴的味道，如在煎烤食物上加点柠檬汁。

4. 利用糖醋调味。可增添食物甜酸的风味，相对减少对咸味的需求。

5. 采用保持食物原味的烹调方法。如蒸、炖等，有助于保持食物的原味。

6. 改变用盐习惯。将盐末直接撒在菜肴表面，有助于唤起食欲。

7. 避免盐渍小吃。如椒盐花生米，或咸鱼等含盐量高的食物，尽可能不吃或少吃。

8. 多吃含钾丰富的食物。含钾丰富的食物包括海带、紫菜、木耳、山药、香蕉、马铃薯、鱼类、西红柿、干蘑菇等。

六、高血压患者如何适量吃盐

日本采用一种低盐饮食烹调方法，对防治原发性高血压有显著疗效。

1. 当有两种以上小菜时，不要平均使用盐，而应该把盐集中在一个菜中。

2. 最好把盐末直接撒在菜上，由于感到强烈的咸味，会唤起食欲。

3. 充分利用酸味佐料，可以醋拌凉菜，不仅用醋，其他具有天然味的柠檬、柚子、番茄都可以拌用。

4. 鱼、肉最好用烤法烹调，其色、香、味都可以唤起食

欲，若再放入芹菜、辣椒、韭菜等芳香性蔬菜则效果更佳。

5. 油炸性菜肴，以麻油最好，麻油不但味美、爽口，而且益于机体的康复。

6. 蘑菇、木耳、海带等为主料的汤菜，味鲜色浓，并有补益之功，加入少许盐或不加盐均可。

7. 要充分利用剩余的肉汤，不但营养丰富，而且含盐量也较少。

8. 酱油宜少用，每日不超过食盐的 5 倍量，即 35 毫升左右。

9. 可以灵活地用蔗糖，烹制糖醋风味的菜肴。

10. 各种盐渍小吃，如盐炒花生米、盐椒橄榄、盐乌梅及咸干鱼、咸菜等要尽可能地禁忌，建议使用番茄酱、果脯之类作为辅助饮食。

七、食盐疗歌

少吃盐，保康寿，别看吃盐作用不大，但它关系到一个人的健、寿、智、乐、美是否达到最佳境界。总之，少盐长寿，成为人们饮食养生的法则。有人撰写《食盐疗歌》，令人寻味，不妨一读。

提起食盐是个宝，小病小医效果好。

便秘排泄不顺畅，晨喝盐汤可治疗。

歌前喝杯盐开水，缓解喉咙干哑燥。

脱牙流血莫慌张，口含盐水血止掉。

反胃消化不良症，喝盐开水就可好。

误食有毒食物后，喝些盐水见成效。
盐煮茄子秧根水，治疗邪气莫小瞧。
腿部发酸发痛时，盐水白酒擦全消。

第9章 盐与美容

日本影视女明星山口百惠息影数年后，在一次出席朋友的婚礼上露面时，容貌依然美丽，风采不减当年。有人向她请教“美颜”秘诀，才知粗盐能够美容。平时，三浦友和夫人用粗盐（将海盐粉碎盐）1000 克，蛋清一个，婴儿润肤油少许，蜜糖两大茶匙混合拌匀，每周用两三次，轻轻地涂在面颊上，用手指在上面打圆圈。这样，坚持不懈，终于赢得青春长驻，光彩照人。这种美肤法，在日本女性中引起一股美容热潮。由此可见，食盐在美容方面确实身手不凡。

有关茶盐的传说，在韩国比较流行。有一次，有人不小心把一盒茶叶打翻在海水中，当茶叶被打捞后在淡水中冲洗时，剩下的海水被人发现有美白作用，这样，人们都知道茶盐成为盐类美容的新妙方。

过去，食盐与美容健康是风牛马不相及的。近十几年，经过许多国家的专家论证，盐不但可以调味，而且有新的用途。外用时，盐是一种价廉的美容护肤品，海水浴不仅给人以戏水的乐趣，而且能促使人体皮肤更健美，富于情趣。比如西方人的浴盐美体，韩国人的竹盐美容，日本人的粗盐美容，还有中国人的细盐美体，作为一种天然、环保、价廉，且效优的美容方法，形成方兴未艾的“盐

生活”新时尚。

很早的时候，欧洲的水手们就发现海水对皮肤有特定的功能。在海上，水手们的皮肤暴露在阳光下，容易破裂、老化，但由于海水的清洗和治疗作用，他们的皮肤仍能保持最佳状态。后来，荷兰人受此启发，便把取自深海的盐精炼成浴盐，用来保养皮肤。现在，这种咸咸的浴盐旋风已经传遍全世界。因为海水除了含有盐的主要成分钠以外，还有人体必需的镁、锌、钾及碘等微量元素。由此，人们无论到大海进行海水浴，还是到健身店去盐浴，都是美肤和健身的好方法。因为天然的深海盐浴，能促进人体新陈代谢，深层清洁肌肤，消炎杀菌，快速治愈伤口，修复凹凸不平的表皮，收敛粗大毛孔，长期使用浴盐，会让人的肌肤柔滑细腻，还会更好的健身减肥。

竹盐美容不只是韩国女性钟爱，其实，在我国古医书《本草纲目》和《神农本草经》中，都有关于“竹盐”的记录。竹盐就是烤盐，把海盐放进陶器、竹筒或者铁器内，经过约1000℃的高温烧烤，使得竹盐中的矿物质和微量元素仍然保持着原始、天然的状态，完好无损地保持着大自然给予的、生态系中矿物质原本最初的平衡结构。竹盐可将盐内的各种毒性最大限度地中和，同时，它又能最大限度地保留且增强其药性。因为它具有预防和治疗各种现代病的功能，所以竹盐是盐中黄金，又是美容减肥佳品。

如今，韩国的竹盐美容，中国和日本的食盐美容，西方人的浴盐美体，都被这股咸咸的旋风扫过，作为一种天然、环保、价廉且效优的美容辅助品，盐才是自然赐予人们的无价宝物。

从食用的角度来说，竹盐是消化剂，会促进唾液和胃液的分泌，帮助消化器官充分消化吃下的饮食。竹盐又是排毒剂，它有强劲的浸透力和渗透压，能清除肠内的宿便，将毒素排出体外，达到了美容减肥的良效。总之，竹盐内服可以清肠，帮助消化；竹盐外用能消炎、瘦身减脂，改善酸性体质。

盐对皮肤有很大的益处，肌肤在经过自然盐的洗涤后，汗与脂肪都被轻轻地除去。人体本来具备自然治愈力，即使不用肥皂搓洗，也可以通过汗液去除身体内的污垢。汗液是自然赋予的最佳的天然洁净剂，而盐就是一种帮助出汗的催化剂。

用盐来护肤，并非将食盐直接涂抹在脸上或身上，这样，不但起不到美容美肤的作用，反而会使皮肤因过敏而红肿。这是因为食盐是经过人工漂白的，不是百分之百的天然品。作为护肤品的美容盐是经过提炼，与蜂蜜、蛋白质等营养物质混合在一起的“盐”，它没有加入任何化学物质，成为纯天然、美容亮肤之首选。

盐的美容功效，是建立在“去死皮”的原理上的。不论细盐或粗盐，都能刺激及促进人体汗腺与皮脂腺的分泌，这可以帮助我们排去体内老化物，并去除表面死皮层，从而使肌肤获得由表及里的新生。大家知道，暴露在外面的皮肤经风吹雨打，毛孔中的尘垢，皮肤表层的死皮等堆积太多，盐所起的作用是去除表皮层的污垢，帮助肌肤恢复正常的循环生理周期，使皮肤白然而白净。

美容盐具有消炎抗菌的作用，可以消除毛孔中积聚的油脂、粉刺露在外表的“黑头”及表皮表面的角质和污

垢，一般经过1周左右的美容护肤，能使脸部皮肤变得鲜嫩，让肌肤恢复雪白娇嫩。

另外，美容护肤盐可用于全身，如脂肪较多的部位（如小腹、臀部、下巴）配以按摩，能达到减肥的目的，同时，能促进全身皮肤的新陈代谢，防治皮肤病，起到很好的自我保健作用。

用盐制成的美容品也有许多好处，效果甚佳。

VE盐液：普通盐2勺、两倍的蜂蜜和维生素E胶囊2粒，搅拌后以小火加热10分钟，让盐充分溶解，制成的盐液放置一天后，会分成上面是澄清的液体，下面是沉淀的盐分，把它们分别装入容器中，日常使用液体调理肌肤，固体盐一周使用两次即可，能祛除角质。

盐油：将盐和油（橄榄油或婴儿油）以2∶1的比例混合、搅拌均匀后，制成盐油。把它抹在脸上，像面膜一样停留5分钟之后，清洗干净，可改变肌肤的干燥状态。

盐膏：将鸡蛋清分离出来，加入蜂蜜和一定量的盐混合搅拌，这种盐膏可以在洗脸后抹上，然后冲洗干净，有效帮助肌肤保持水分。

盐蜜：细盐与蜂蜜以1∶1的比例混合，用手掌将盐蜜抹在脖子、肩颈处，然后，用湿毛巾在颈部来回运动按摩，可促进血液循环，滋润皮肤，减少皱纹的形成。

一、盐水美容法

日本妇女十分崇尚“食盐美容法”，具体做法并不难。早晨，洗脸后，抓一把细盐放在左手掌中搓二三搓，再用

右手示指和中指的指尖将细盐和水搅拌，用指尖蘸着盐水，从额部和颊部自上而下地涂抹，边涂抹边做循环按摩，每处按摩 3～5 次；5 分钟后，等脸上的盐水干透呈白粉状时，先用湿热的水洗去盐粉，再以自来水将盐粉洗净，最后，涂上一些营养液或营养乳等，每天早晚在洗脸后进行一两次。

使用盐水美容，应采取较细的盐末，油性皮肤者，单纯用盐水即可，干性皮肤者，可将油性按摩霜放在手上，加半茶匙食盐和足量的水，用右手小指的指尖仔细加以搅拌，注意不要留有颗粒。按摩手法应该轻而柔和，切忌用力过猛过重。先在皮肤或头部试用后，再在脸上轻轻按摩，以皮肤不发红为宜，美容时，千万不要让盐水流入眼睛或渍伤眼睛结膜。

1. 用一个干净的小碗，放入 1～2 小勺精盐，加水约 10 毫升，将盐融化待用。用肥皂洗净双手，用毛巾将头发包好，对着镜子将脸擦干，用手指或小面棒蘸上融化的盐水涂抹脸上。注意不要涂在眼睛四周皮肤，待干后按摩。

2. 用右手中指指腹先按摩两眉中间的印堂穴，以顺时针方向旋转 100 次。然后双手中指指腹按压两眉之间，按压先自下而上，推运额部至前发际处，再由额部自上而下推至两眉间。如此反复推运 10～20 次。

3. 用双手中指或拇指腹先稍微按压太阳穴约 1 分钟，然后双指对旋 100 次。再用两侧中指指腹由太阳穴起，沿上推运到眼内眦，由内眦经下眼眶推运至眼外眦。如此按摩眼圈重复做 10～20 次推运按摩。再用双掌根轻微按揉两侧眼窝（两眼要轻轻闭合），做相对旋转按摩

50次(可防眼睑和眼袋下垂)。

4. 用双手中指从下至上挑起眼外眦的鱼尾纹，左右两侧各挑起10～20次。

5. 用双手掌面按揉两侧的面颊部，用轻推运法在面颊部由里向外、从下往上推面部肌肉10～20次。然后双手指腹轻轻叩打颜面肌肉，边叩打，边逐个移动手指部位，做短而连贯有节奏的轻敲，能增强肌肉的弹性。

6. 双手五指分开，自额头始，将头部由前向后梳头20～40次。按摩完毕后，用流水冲净脸上的盐水。然后再用一些营养液、营养乳和营养霜保持皮肤湿润。

二、细盐美容法

每天早晨，用凉开水或温开水湿润脸面，将少许的盐液溶在手掌，涂抹在脸上、下颊内侧、耳后、眼皮处，整个过程要轻轻揉搓，按摩30秒钟后，先用凉水或温水洗净，后用冷水冷却肌肤。再者，每天早上用30%浓度的盐水擦洗脸面，再用米汤或淘米水洗脸，最后用珍珠雪花膏擦面，15天后，皮肤由粗糙变为细腻。

三、粗盐美容法

首先，准备一包天然粗盐，一小瓶矿泉水，一碗淘米水以及一些消毒纱布。先将消毒纱布打开，平放在桌面上，配上两汤匙粗盐倒在纱布上，再把盐包好扎紧如小袋形状。接着，将盐袋放入盛有矿泉水的小碗中，浸泡一会

儿，取出盐袋在脸上以画圈的方法，由外向内轻轻按摩，使面部有冰凉的感觉。之后，当面部皮肤感觉轻柔清爽时，就将淘米水轻拍在脸上，让皮肤继续吸收天然营养，最后，用温水洗净。

接着，端来一脸盆清水，加入三四茶匙自然盐（即粗盐）捣匀，让粗盐末慢慢溶化。然后，将脸浸入水中，眼睛一睁一闭 5～10 次，盐水能治眼疾，除了消除眼睛疲劳外，还能预防老花眼、白内障。

这种自然盐美容法，主要促进血液循环，光滑肌肤，使皮肤得到滋润而富有弹性，更加红润健康。同时，盐能有效改善酒刺和肿瘤、化脓性炎症等疾病。

四、浴盐水健身法

早在一千多年前，巴黎雕版图有一幅名叫“妇女们在为她们的丈夫进行盐浴”。该图展示了女人们如何使自己的男人更具有男性气质并且精力充沛。图中配有一首诗，最后一行的意思是：“有了这样的盐浴，前后左右的洗礼，最终他们不会缺乏强壮的体魄。”

现在，国外人们倡导“浴盐健身法”。这种“浴盐”并不是普通的盐，是用天然海盐加工精炼而成的矿物质，是从海水中摄取对人体有益的盐分，并加柚子、柑橘、薄荷、牛奶配制而成的盐。也就是说，浴盐多由植物精油、草药、矿物质、天然海盐等成分组成，含有人体所需要的铁、钙、硒、镁等多种元素，长期用浴盐可以消除肌肤的黑色素，让它逐渐恢复到嫩滑、细白、有弹性的程度，并对于去

除面部的粉刺、色斑有积极的疗效。首先，将浴盐装入土布小袋中，放入浴缸的热水中，待盐分充分溶解，随后，沐浴者坐入浴缸中，让溶化了浴盐的水浸泡全身，感受淡淡清香，使身心充分放松，肌肤得到充分杀菌和彻底清洁，消除身体上的黑色素。此时，盐分与身体摩擦生热，使人体脂肪分解，收到健身的疗效。

另外，自然盐也是保健品，因为它对皮肤表面角质有很好的溶解作用。先将身体淋湿，把半匙盐放在身上搓洗，从胸部到腹部，从上到下，盐的颗粒随着手的移动涂抹于肌肤，乃至全身；2分钟后，浸泡在热水中将残留在肌肤上的盐粒、渗出的汗液和脂肪全部冲洗干净，最后，再以冷水淋浴，这样，自然盐浴与冷水浴结合，能使人的肌肤柔软，富有弹性。

现在，健身店的盐浴，增添了不少新的特殊成分，如加入各种香型的植物精华，可以创造不同的功效。如洋甘菊盐浴，能让人舒缓神经紧张，促进睡眠；薰衣草盐浴，能催人安眠，减轻压力，舒活筋骨；柑橘柠檬草盐浴，能使人消除焦虑心情，清醒头脑；迷迭香盐浴，可以使人增强记忆力，改善紧张情绪，增强活力；玫瑰盐浴，可以治疗神经紧张，改善老化皮质。还有不同颜色的盐浴，既舒畅你的视觉，又满足你的心情享受。如红色盐浴，给你一种激越昂扬的色彩，加速脉搏跳动；紫色盐浴，使人大脑清醒，容易激发创意和灵感；白色盐浴，令人有种返璞归真的味道，回味到生活最本质的感觉；绿色盐浴，当你心情倦怠时，它能让你置身于大自然的意境。这些彩色的沐浴用盐，是经过专门的制作，配上专门秘方，在被碾得很细的

盐中，掺和辅助成分，方能达到最佳沐浴的效果。

另外，浴盐还有消除疲劳的作用。当身体温热后，血管扩张，这样，氧气和浴盐中的矿物质就会充分地输送到身体的各个部位，同时矿物质与皮肤接触时，逐渐产生电流，这种电流能够重新调整身体代谢，从而，使血液循环更为顺畅，起到消除疲劳、清洁肌肤的作用。

各种浴盐的使用方法是不相同的。有的适合桑拿使用，浴盐随蒸汽清洁人的肌肤；有的适合淋浴，将盐装入小巧的布袋轻擦身体，或是吊在喷头上，直流而下；有的必须放入浴缸加水浸泡，才能充分发挥去除疲劳、清洁肌肤的特效。

五、用盐美肤法

1. 洁面盐：控油缩毛孔祛死皮　用深海浴盐洗脸，可深层清洁肌肤，祛除油脂和角质，让你粗大的毛孔渐渐隐形。选择洁面盐，亦要根据自己的肤质和用途去选，千万别被那些色泽迷人的小颗粒冲昏头脑，而随便买。

用盐洗脸的方法：洗脸时，先用清水清洁面部，然后再舀一勺洁面盐，加入水中搅匀，用指尖蘸取盐水从额头向下颌涂抹，指腹轻轻按摩 30 秒后，用温水冲洗干净。切忌让盐在脸上停留太长时间，以免刺激肌肤。油性肌肤的人，经常用洁面盐洗脸更能达到紧肤控油的功效。

2. 足浴盐：拒绝干裂双脚白白嫩嫩　经常泡泡足浴，不仅能让你的双脚变得白嫩润滑，而且能让全身血液循环更加顺畅。相对于洁面盐和沐浴盐，足浴盐的颗粒比

较大，而且成分上也往往以水杨酸、尿酸等酸性物质为主，可更好地软化脚部角质层，增加肌肤含水量。

建议去买一只木质的足浴桶，这样可以让你的小腿也浸在水中，每天睡觉前用足浴盐泡脚，既能消除疲劳，还会令你脚上的肌肤远离干裂更滋润。

3. 洗发盐：远离脱发秀发不油腻　选一款含中药成分的洗发盐，不仅能彻底洗净头发及头皮的污垢，还能避免落发及头屑的产生，让秀发重回健康亮泽。但洗发盐不宜天天用，一般 5 天用一次，还能有效防止脱发。

4. 沐浴盐：安全使用让肌肤柔滑细嫩　浴盐含有人体所需的多种微量元素，对肌肤当然大有裨益，其添加的精油成分还可补充肌肤营养，使肌肤更加健康富有光泽。在使用浴盐前，要做个简单的皮肤测试：在手臂内侧柔软的部位使用浴盐，如果皮肤有刺痛感，不建议使用。

浴盐一周用一次即可，尽量不要频繁使用。配合精油一起按摩肌肤，效果更好。

六、海水美容法

海水本身带有咸味，也就是说，海水除了含有盐分的主要成分钠以外，还有人体必需的锌、镁、钾等元素。因此，人们到大海去进行海水浴，大有益处。过敏性皮肤的患者，感到全身发痒，抓痒容易引起皮肤发红，指甲内的细菌乘机侵入，容易引起症状恶化，不妨到大海去盐水浴身，或在家中沐浴时用盐水（1 升水配 30 克细盐）浸泡身体，每天 15 分钟，如此沐浴，能医治过敏性皮炎。有脚

气、关节炎、风湿病、慢性疼痛的人，进行海水浴或盐水浴，同样有一定的防治作用。

七、盐水美发

人们过去洗发经常用洗发水或者香皂等化学清洁剂，容易使处理体内不必要物质的汗腺及皮脂腺的功能衰退。一旦头部的汗腺、皮脂腺闭塞后，容易滋生头垢，皮肤表面受热后，更使头发受损而导致白发或秃顶。由此，必须使用自然盐。

大家知道，食盐是以氯化钠为主要成分的化学盐，乃是增加食物咸味的专门调味品，如摄盐过量会引起高血压等疾病。而自然盐以氯化钠为主，还含有丰富的对人体健康有益的矿物质成分。人的头发是一种接受刺激后能再度生长的奇异物质，不论是拉或扯等机械性的刺激，或者化学的刺激，都会有两种效果，只要有刺激，头发就生长。因此，盐粒抹满头部，借助水的按摩能除去盐结晶的棱角，给头发恰到好处的刺激。

使用方法为先擦头部，从头皮到发梢都要淋湿，再用一茶匙量的自然盐，撒满整个头部，然后，轻轻地滑动指头使盐深入头皮中。将头发洗净后，用手掌将盐在头发上擦匀，待头发全部均匀抹盐后，用水给头皮冲洗按摩，最后，清洗完毕，用热水将未能溶掉的盐、渗出来的汗液以及身体的脂肪彻底冲洗干净。

清洗过程中，如果觉得盐粒在头发上有刺激疼痛感，最好在 1～2 分钟后进行冲洗。另外，最后一道的冷水浴

过程中，可以收缩经热水浸泡而松弛的肌肤，也可以使溢出的脂肪凝固或在头皮和头发表层形成保护膜。为了预防热气损坏保护膜，不要使用电吹风机吹干头发，最好用毛巾擦干头发上的水分，再让它自然地慢慢干爽。这样，自然盐洗发，使头发变得比较柔顺而富有光泽，减少脱发和白发等老化现象。

八、盐水美脚法

脚是人体的健康之本。常言道："树老先见根，人老先竭脚。"根据中医理论，人体是由十四条经络串成的，每一条经络都与内脏有紧密关系。而这十四条经络中就有六条起源于双脚，经络与内脏的关系，身体健康状态或内脏是否正常，都可以由脚底的酸痛而感知。

如果患有鸡眼或脚垫走路疼痛，可以用盐来医治。过去，有人患有鸡眼或脚垫，以为用刀切除可以治疗，其实，这是治标不治本，不久会重新长出鸡眼或脚垫；只有用盐揉搓脚部，以鸡眼或脚垫为中心，按摩 20～30 分钟，刺激到 500 个穴位。这样按摩，不仅使脚部的血液循环顺畅，而且手部也同时增进血液循环，坚持 30～60 天，鸡眼或脚垫会自然变软而消失。

冬天，在脚盆里注入 42～43℃的热水，再倒入一把盐搅匀，然后，将双脚放入盆内浸泡 15 分钟，反复搓揉脚后跟、内踝骨及脚趾，既使双脚软和，又治女性惧冷症。

九、细盐祛斑和治粉刺

取细盐一茶匙,杏仁粉 60 克,和水调成糊状,每周两次敷于脸面,可使皮肤白嫩。

食盐一茶匙,白醋半茶匙,开水半杯,待溶化后用棉花蘸之洗面,每天一次。或食盐一茶匙,蛋清两个,冰片粉 10 克和匀后,用毛笔涂于面部,5 分钟后用温开水洗去,每晚一次,有明显疗效。

十、粗盐减肥法

盐有渗透性,可深入皮肤将毛囊汗腺内多余的水分、脂肪等物质吸附出来,故能减少皮肤下脂肪,特别是腹部脂肪。盐含有分解脂肪、强壮肌肉的成分。同时,盐对皮肤表面角质有很好的溶解作用。这种盐不是经过由离子交换对脂膜制盐法所制成的化学盐。它含有多量的脂肪分解物,对皮肤的渗透度很高,不会伤及皮肤。

1. 先将身体在浴缸里浸泡暖和,水温一般,出浴缸后取少量的盐(即粗盐),用双手拧出腹部的赘肉按摩;再取少量的盐由肩到胸部,上腹到背后做一番清洗;再取少量的盐在腰部、乳房等部位重复搓揉,就能减肥。

2. 先以鲨鱼肝油涂遍全身,然后,按摩先使肌肉血液循环加快,肌肉放松,汗孔完全张开后,再用盐搓揉,在搓揉中盐分逐渐溶解,被搓揉的部位发出汗光,皮肤表面汗毛毛孔也扩大,从汗毛毛孔侵入的盐矿物质开始分解脂

肪，使皮肤深层的脂肪逐渐分解。这样，每次20分钟或60分钟，每周1次，连续30天，可以达到减肥的效果。

另外，盐还能具有其他疗效。

1. 护齿、去臭　每日早晚用淡盐水漱口，并每隔3天用盐水漱口，可以防止龋齿的发生，具有消毒之功，并可防止口臭。

2. 漂白去皱　杏仁粉60克，盐粉儿一茶匙，加水调成糊，每周2次敷于面部，可令皮肤白嫩。

3. 治粉刺　①食盐一茶匙，白醋半茶匙，开水半杯，溶好后用棉花蘸之洗面，每日1次；②食盐一茶匙，蛋清一个，冰片粉40克，混合后用毛笔涂于面部，5分钟后用水洗之，每晚1次。

4. 祛斑　食盐一茶匙，白蓝粉六茶匙，菊花粉三茶匙，白醋半茶匙，混合加水成糊状，敷于斑迹处，隔日1次。

5. 去腋臭　盐60克，菊花粉40克，浸泡于清水中，每周浸泡1次。

6. 美目　取食盐100克，干菊花50克，生姜100克，捣碎，放锅内炒熟，待温时用布袋包好，敷于面部或捆绑于后颈部，有提神美目之功。

7. 去头屑　用食盐、硼砂各少许，投入盆中，加入适量水，溶解后洗头，可止头发发痒，减少头屑。

8. 美容　每天早上用30%浓度的盐水擦面部，然后用米汤或淘米水洗脸，再用珍珠霜混合擦面，15天后，皮肤可由粗糙变白嫩。

9. 盐疗法　先用温开水冲湿身体，再用粗盐（食盐亦

可)涂全身,然后加以按摩,使皮肤发热,至出现红赤色为止。一般需按摩 5 分钟,再浸入 38℃ 的温热水中 20 分钟,每 3～5 天操作 1 次,用盐摩擦身体能促进血液循环。

第10章 盐与化工

1744年,法兰西皇家科学院成员纪尧姆·弗朗索瓦·鲁埃勒给盐下了一个永久性的定义:盐是酸和碱发生作用而产生的物质。他认为酸和碱有着天然的相互吸引力,因为自然界追求完善,如同夫妻一样,酸和碱使彼此更加完善。它们在一起创造出一个非常平衡的物质,这就是盐。在普通盐中,碱或者电子输出者是钠,而酸或者电子接受者就是氯。所以,盐成了大自然和宇宙的缩影。盐是一个大家族,有众多的“兄弟姐妹”,其名称甚多,资源极广,应用甚多,食盐和它的衍生物在全世界有15 000种之多。

1. 按原料来源分　可分为海盐、湖盐、井盐、矿盐。以海水为原料晒制而得的盐叫作“海盐”;开采现代盐湖矿加工制得的盐叫作“湖盐”;运用凿井法吸取地表浅部或地下天然卤水加工制得的盐叫作“井盐”;开采古代岩盐矿床,加之开采岩盐矿床钻井水溶法而得到的盐叫作“矿盐”。

2. 按产地划分　可分为芦盐(天津、河北产)、淮盐(江苏产)、闽盐(福建产)、粤盐(广东产)、湘衡盐(湖南产)、雅盐(内蒙古产)、长青盐(内蒙古产)、川盐(四川产)。

3. 按生产方法来分　可以把食盐分为真实蒸发制盐、平锅制盐、日晒盐和粉碎盐。

4. 按用途和纯度来分　可以把盐分为普通食用盐、餐桌盐、加碘盐、肠衣盐、药用盐、健康盐、味精盐、畜牧盐、防雪盐、营养盐等。

一、食盐的化学性质

这些不同盐种的盐，主要成分是氯化钠（NaCl），与化学上说的盐，概念是不同的。世界上的物质，按化学分类，分为酸、碱、盐三大类。在化学上，盐是一个很广的概念。凡由金属离子（包括铵离子）和酸根离子所组成的化合物统称为盐（类）。根据组成的不同，化学上的盐可分为单盐和合盐。单盐分为正盐、酸式盐、碱式盐。合盐分为复盐、络盐。

酸分子中的氢原子全部被金属原子置换（取代）而形成的盐为正盐。它是酸全部被碱所中和，或碱全部被酸所中和的产物，如氯化钠（NaCl）、碳酸铵[$(NH_4)_2CO_3$]、磷酸三钠（Na_3PO_4）、硫酸铝[$Al_2(SO_4)_3$]等。酸分子中的氢原子，只有一部分被金属原子置换（取代）的盐，称为酸式盐，如碳酸氢铵（NH_4HCO_3）、硫酸氢钠（$NaHSO_4$）、磷酸二氢钠（NaH_2PO_4）、磷酸氢二钠（Na_2HPO_4）等。分子中含有羟基的盐，称为碱式盐，如碱式碳酸铜[$CuCO_3 \cdot Ca(OH)_2$]、碱式硝酸铋[$4BiNO_3(OH)_2 \cdot BiO(OH)$]等。由两种或两种以上的简单盐类所组成的晶形化合物，称为复盐，又叫重盐，如硫酸亚铁铵[$Fe(NH_4)_2(SO_4)_2 \cdot$

$6H_2O$]、明矾[$KAl(SO_4)_2 \cdot 12H_2O$]等。含有络离子的盐类称为络盐，如铁氰化钾[$K_3Fe(CN)_6$]、亚铁氰化钾[$K_4Fe(CN)_6 \cdot 3H_2O$]、四氯合铂酸钾[$K_2(PtCl_4)$]等。

氯化钠虽然是正盐中的一种，但为了与其他盐类区别，氯化钠作为食盐划定名称，以表示和其他盐类的不同。而其他的盐都不能被人们广泛地作为调味品食用。

食盐的主要成分是氯化钠，分子式 NaCl，分子量为 58.443，按重量计算钠占 39.34%，氯占 60.66%。纯氯化钠晶体为无色的正立方体，属等轴晶系（晶格常数：$a=b=c=0.628nm$，$\alpha=\beta=\gamma=90°$）。每个 Cl^- 被 6 个 Na^+ 包围，每个 Na^+ 也被 6 个 Cl^- 包围。这两种离子在节点上交替排列组成 NaCl 的晶体格子构造。晶体沿（100）面解理，熔点为 800.8℃，沸点为 1465℃，硬度为 2～2.5（莫氏），密度为 $2.196g/cm^3$（25℃）。另外，食盐还有吸湿性、可溶性、可塑性、熔点高、易结块、防腐力、渗透性、冰点低等特点。

1. 味咸　盐类矿物质溶于水后有味感，食盐中的钠（Na^+）具有咸味，如含钾（K^+）有辛辣味，含硼酸根（BO_3^{3-}）有甜味，含镁（Mg^{2+}）有甘味。

2. 色白　由于盐类矿物质的阴离子均为非色素离子，故盐为无色或白色。

3. 吸湿性　盐置于空气中，容易吸收空气中的水分而发生潮解。

4. 可溶性　盐易溶于水，20℃时 100 克水可溶解 36 克盐而达到饱和状态。

5. 可塑性　当盐受到外力作用时产生固体变形而理

化性质仍不变。

6. 熔点高　氯化钠在800～920℃的条件下才能熔化，强烈加热到1465℃才会变成气体，否则，食盐难以燃烧。

7. 易结块　盐粒吸收大气中的水分后，细小盐粒首先溶解，水分蒸发后，盐的晶粒与晶粒间就形成“交联”，由于外界环境中湿度不断变化，就会导致盐粒表面附着液的放湿和盐粒吸湿过程交替产生，使盐粒间形成牢固的粘结。

8. 防腐力和腐蚀性　盐所含的氯离子具有杀菌能力，故盐有防腐力。氯离子不仅是一个杀菌性强的离子，而且是非常活跃的离子，极易与金属等许多物质结合而生成另一种氯化物，而且盐溶解后容易促进这种结合，致使金属等变质。

9. 渗透性　盐溶解于水后具有很深的渗透性，当盐溶液渗透到人体毛细血管的大小微隙中时，则具有破坏作用。

10. 冰点低　如果水溶液含有20％的盐分，它的冰点就会降低到－16℃，由于盐水的冰点低，可以用于路面化冰或防止公路和机场跑道结冰。

二、食盐是工农业的重要资料

食盐，不仅是人们生活的必需品，而且是工农业的重要资料，与人类有着千丝万缕的联系，盐与煤、石油、石灰石、硫酸被称为五大自然原料，故盐有“第五自然要素”之

称，在当今世界上起着极为重要的作用。它可以制成氯气(Cl_2)、金属钠、纯碱(碳酸钠，Na_2CO_3)、重碱(碳酸氢钠、小苏打，$NaHCO_3$)、烧碱(苛性钠、氢氧化钠，$NaOH$)、盐酸(HCl)等，这些产品的用途极为广泛，涉及国民经济各个部门和人们的衣、食、住、行等诸方面。由于盐可制成氯气和碱，因而能制作万种以上的各类工业产品。故人们把盐称为“化学工业之母”。一般来说，用盐量越大、领域越宽，就代表一个国家的工业水平越高。目前，我国盐的总产量仅次于美国，居世界第二，但用盐量差距就很大。按用途比较，我国的食用盐占45%，工业用盐占40%，农牧用盐占15%；而美国食用盐占15%，工业用盐占73%，农牧用盐占12%。按人均消费水平比较，我国每年人均20千克左右，美国人均210千克，法国人均101千克，日本人均70千克。

盐是调味品，食品加工必不可少。从食品加工及用途来看，盐有调味、防腐、调节发酵、渗透、脱水等作用。从物理性质来看，利用其盐析作用可制造肥皂、染料、亚硫酸钠(还原剂)，合成橡胶、油脂，生产维生素制剂。利用其硬度的有：颜料制造的磨碎剂，医药胶囊研用。利用其溶解性质，可精炼石油(脱水)。利用其冰点下降性质，可冷冻盐水、除雪化冰。利用盐水的密度可精选种子。其界面效果可用于树脂再生(精制水、软化硬水、精制糖)、道路、建筑上的底涂。盐的化学作用可用于氯化焙烧、烧石灰、陶瓷(食盐釉)、碳化硅(除杂质)、铁丹(颜料)、调色剂、火药(消熔剂)、精炼铜合金(助熔剂)，染色助剂、钢压延除氧化皮膜。盐作原料的用途：制碱、氯碱

工业、化学制品(硅氟化钠、氯酸钠)、肥料。

液氯主要用于制造农药、漂白剂、消毒剂、溶剂、塑料,合成纤维以及其他氯化物。氯是基本有机合成工业最重要的原料之一,如四氯化碳、氯甲烷、氯乙烷、氯乙醇等有机产品的合成都需要它。氯气通过苯中,在光的催化作用下,反应制成氯苯,是制造硫化染料的主要中间体。氯气通入消石灰,可制成漂白粉,这是廉价有效的消毒剂、杀虫剂和漂白剂,可用来漂白棉、麻、纸浆等纤维,还可清净乙炔和水。氯和氢直接合成得氯化氢,它的水溶液就是盐酸,广泛用于化学工业、冶金工业、石油工业等方面。氯化氢与乙炔作用可制成氯化乙烯。聚合成聚氯乙烯后,具有极好的耐化学腐蚀性,电绝缘性能也很好,而且不易燃烧,用于制造塑料、涂料和合成纤维等。根据在聚氯乙烯中添加增加剂的多少,可制成雨衣、农用薄膜、人造革等软质塑料和板材、管道、阀门等硬质塑料。氯化氢与乙烯基乙炔反应,可以聚合成氯丁橡胶。

早在秦、汉时期,在我国最早的药书——《神农本草经》就有"碱"字的记载。在明朝,医圣李时珍在《本草纲目》中记述碱是"采蒿蓼之属、晒干、烧灰,以原水淋汁,去垢,发面"的制作和用途。纯碱(Na_2CO_3)的用途主要是制造玻璃。在化学工业方面,纯碱可用作染料,有机合成的原料。在冶金工业方面,可用来冶炼钢铁、铝和其他有色金属。在国防工业方面,纯碱(Na_2CO_3)可用于生产TNT及60%的胶质炸药等。另外,纯碱在化肥、农药、造纸、印染、搪瓷、医药等各部门,也是功不可没的。

烧碱(NaOH)主要用于化工、冶金、石油、染色、造

纸、人造丝、肥皂。在造纸工业中，当以木材、草类纤维和棉麻等植物为原料时，需要烧碱溶液蒸煮处理，以溶解和除去木材、草类中的木质素等杂质，以及棉麻中的脂、蜡、胶质，而制得碱纸浆。烧碱的溶解液与油脂共煮，生成肥皂和甘油；烧碱与氯的化合物中和后，制成氯醋酸钠，用于制造除草剂、染料、维生素、碳甲基纤维等，也可以用作植物脱叶剂。

据说盐有1.4万余种用途。如：在玻璃态的形成过程中，熔融体内各种成分很不均匀，同时也会产生大量气泡，必须用盐作澄清剂，按玻璃熔体的1%比例加入食盐，才能消除黏滞的玻璃熔体中的气泡。又如，制作缸器或陶瓷砖瓦，要用细颗精制盐作上釉剂，当窑内达到所需的温度时，将盐投入窑内或者烧火室内使其熔融挥发，这样挥发了的盐蒸汽沉积在加热了的瓷器制品的表面，形成一层光滑的玻璃状表面。

再如，制作肥皂，主要原料是烧碱和油脂。将精炼过的油脂投放在盛有碱的铁锅里，通过蒸汽蒸煮，使油垢与碱在沸腾的状态下增加接触，发生水解反应，生成肥皂与甘油。在这段“皂化”（也叫碱化）过程中，为了保持溶液有合适的黏度，必须及时加盐。因为盐中钠离子的作用，可以降低皂化液的黏度，从而使其皂化反应得以进行。

另外，有些国外科学家正在利用盐作“燃料”来发电，他们根据海水中含有一定的盐分，已经研究了一种能大规模供电的能量转换压力阻滞透法。这个方法就是用半透膜把海水和淡水隔开，使淡水通过半透膜向海水渗透，产生渗透压之后，海水压力随即升高，水位也跟着提高，

即可利用这提高了水位的海水，去冲击水轮发电机发电。这种发电法的优点是活动部件少、噪声小，不需燃料，没有污染，是一种极干净的能源制造法。

在日本，东京工业大学和芝浦工业大学，联合研制了一种以盐水代替汽油作燃料的汽车。当这部汽车上的预热器达到一定温度时，车子就启动了。装有230升盐水和70升淡水的汽车，以每小时1～15千米的速度，可以行驶1小时。这种车的行驶原理，也是依靠盐水和淡水的浓度差来产生比量推动车子前进的，在不远的将来，用盐作燃料必将被推广运用。

三、盐的其他用途

盐的用途，已扩大到农业、化工、医药、国防等领域。农业用途如畜禽饲料、选种、肥料等；化工用途如制造酸碱、染料、玻璃、肥皂、软水、水泥、漂白粉、杀虫剂、火药、陶器、合成橡胶以及制革、冶金、炼油、制冰和道路用处；医药用途如生理盐水和医疗用品等。再说，作为“化工之母”的盐，应用很广，成为化工、冶金制剂的重要原料。皮革加工需要它作脱水剂，罐头加工需要它作软化剂，味精生产需要它作填充剂，人工降雨需要它作催化剂，熔制玻璃需要它作澄清剂，配件电镀需要它作酸洗剂，火烧锅炉需要它作交换剂。制革工业也需要盐为生畜皮防腐，因为畜皮在储运过程中，为防止或抑制微生物的侵蚀，必须经过防腐处理，才能提高它的质量。在国防工业，制造枪炮、子弹、飞机、火箭、坦克、舰艇，以及炸药、电火弹、燃烧

弹和消熠剂，都广泛需要氯酸盐、高氯酸盐、硝酸钾、硝酸钡、硝酸锶、氯化钾等盐化工产品。

盐既能夏天降雨又能冬天化冰。

在夏天，农村久旱无雨时，如果天空出现乌云，可以用飞机、高炮，把盐或干冰、碘化银等催化剂撒播到云层，让它们作凝结核，使云中的水滴、冰晶不断增大，从而下降成雨。这是因为食盐是一种吸湿性很强的物质，当它被撒播在云层中时，就成为凝结核，周围的水蒸气很快地依附在盐粒上，能加剧水滴的转移、碰撞、合并，形成降雨。所以，用盐作催化剂，做人工降雨是最好的。

在冬天，大雪铺满大街小巷，给城市交通带来极大的困难，有关部门就会用颗粒盐撒在马路上或洒上盐水。当雪被盐水喷淋，或者雪花水分被盐粒吸收时，会使雪溶解。由于盐水的冰点低，可防止马路结冰，减少交通事故。

最早从远古时期开始，人类就懂得利用盐的防腐作用来保存食物。到中世纪，由于人口的激增，鱼便成为人类所需动物蛋白质的主要来源，而鱼类的运输和保存，都需要用盐来作防腐剂。

沿海渔民对捕来的鱼类要进行盐藏保鲜。盐藏是渔民对海水鱼进行保鲜的传统方法。其保鲜原理是，利用食盐溶液的渗透脱水作用，使鱼体水分降低，通过破坏鱼体微生物和酶活力发挥作用所需要的湿度（微生物菌体的生长繁殖所需水分为50%以上），抑制微生物的繁殖和酶的活性，从而达到保鲜的目的。

盐藏保鲜方法，主要有干腌法、湿腌法和混合腌法。

干腌法是利用固体食盐与鱼体析出的水分形成溶液，对鱼体进行盐渍保鲜。湿腌法是将鱼体先放入盐仓中，再加入预先配制好的饱和食盐溶液进行盐渍保鲜。混合腌法是将干腌法和湿腌法有机结合运用。

再者，我国居民采用盐防腐的方法，也有盐腌法和盐干法，但只是对蔬菜和肉类而言。盐腌法又分为撒盐和盐水两种方法。撒盐法是将皮重35％～50％的食盐，均匀地撒在鲜皮的肉面上，或加盐在转鼓内滚动，然后，按盐重的2％撒上碳酸钠或苯等防腐剂，平铺堆置。食盐撒在兽皮上，附着在皮表面的水，将它溶解为饱和溶液，并向皮内渗透，使兽皮脱水。经过1周时间的浸渍，皮内外盐溶液的浓度达到平衡，即能起到抑制细菌活动的作用。而盐水法是在大水池内，用15～20℃的温水，溶解25％的食盐，把鲜皮放进池内浸泡12～24小时后，取出控去水分，再在皮面上按皮重的20％撒上盐，平铺堆置。食盐为电解质，有较强的渗透作用，即有较强的脱水作用；食物上的细菌，由于食盐的脱水作用而被杀死，就起到了食盐防腐的作用。盐干法是用盐腌后干燥。采用盐腌方法，先按盐水法处理，取出兽皮控出水分，在较低温度下阴干，继续干燥为准。

另外，盐能炮制中药，炮制目的除了便于制剂的配制和储存以外，主要是为了消除、减低中草药的毒性，减少不良反应或者改变、增强中药固有的性能，来提高疗效。盐为什么能起到这样的作用呢？盐的化学成分主要是氯化钠，同时还含有微量的硫酸镁、硫酸钙和氯化钾等物质。现代医学证明，钠、钾是维持人体组织正常渗透压不

可少的物质，并能促进胃液分泌和蛋白蛋的吸收。传统医学认为盐有和脾胃、消宿食、助肾、坚筋骨和润下、利尿、走血的作用，可治血热引起的目赤、痈肿，并有软坚定痛的作用。盐经胃肠吸收入血而走肾，使肾的泌尿功能旺盛，能促进膀胱排尿。所以，某些中药经过盐制以后，可以增强药物的作用，显著提高疗效。

例如，车前子、泽泻等利水渗湿药，前者具有利水、通淋的功效，经盐制后，借盐的润下作用，以增强其利水通淋的功能；后者具有利湿泄热的功效，盐制后可增强排尿的作用。补阳药补骨脂、沙苑子、杜仲等，具有补肝肾、壮筋骨的作用，经盐制后，可引药入肾，增强补肾纳气或补肾固精的功效；平肝息风药蒺藜子、石决明等，具有疏肝解郁、祛风明目、补肾益精或清肝潜阳、明目的作用。经盐制后，能引药入肾，增强其补肾疏（清）肝明目的功效。又如清热燥湿、泻火解毒的黄柏，和滋阴降火、清热的知母，经盐制后，可提高滋阴、降火、清热的功效。《摘自（中药饮片炮制述要）》

由于中草药药材的质地不同，炮制中草药材有3种方法，即炒制法、蒸制法和淬制法。

1. *炒制法*　像泽泻、补骨脂、沙苑子、益智仁等中药材，先用盐水喷淋，在已切好的药材上，待盐水润透渗入药材组织内，再倒入炒锅内微火加热翻炒。当药材在锅内受热膨胀，呈现微黄火色，或比药材原有色泽加深，透出香气，便取出摊凉，散热降温。而车前子、杜仲等药材，则是先炒受热而变黄色，再喷定量的盐水，继续再炒至微干，然后再取出散热降温。但火候温度控制为160～

170℃,注意勿炒焦药材。

2. 蒸制法　有的药材经盐水喷淋闷润后,装入笼屉内用大火加热蒸透,然后取出,趁热抽去木芯,晾干。像补阳药巴戟天,经盐水蒸制后,可增强补肾作用。

3. 淬制法　凡是动物的骨、壳和矿物,淬制时,先将洗净的药材直接放在无烟的炉火上,或放在坩埚煅药炉内,用大火加热,煅烧至微红,取出,随取喷淋定量(2.5%)的盐水使其酥脆,冷却后碾碎。像石决明经盐水淬制后,可引药入肾,增强清肝明目的作用。

中草药全部是采集、收购来的植物、动物和矿物,这些既有野生的,又有人工栽培或饲养的,都含有大量的杂质和非药用的部分,由此,中草药首先要严格挑选,洗刷干净,其次,要再加工,比如炮制。中草药材炮制目的有两点:一是除毒和减少不良反应;二是改变中药固有的性能,以提高疗效。特别是用盐水炮制的中药,它们的功能大大提高,其疗效也逐步增强。

四、食用盐与工业用盐的区别

1. 结构区别　食用盐是较纯净的氯化钠,工业用盐中除含有氯化钠之外,还有亚硝酸钠等。

2. 性质区别　食用盐性质较稳定,水溶液呈中性。工业用盐中含有的亚硝酸钠在干燥条件下较为稳定,但能缓慢吸收氧而氧化成硝酸钠,水溶液呈碱性。

3. 外观区别　食用盐含碘,质白,呈细沙状,水分较少,用手揉捏时不会有凝结感,特别情况下也可能显黄色

或淡黄色。工业用盐不含碘，色泽灰暗，外形多为颗粒状，水分含量大，亚硝酸钠也可能微显淡黄色。

4. 味道区别　食用盐咸味较重。亚硝酸钠略有咸味，食用时味觉难以分辨。

工业用盐含有大量的亚硝酸盐。常见的工业用盐中毒事件，多种情况下是由误食或过量食用亚硝酸钠引起的，亚硝酸钠主要用于染料、医药、印染、漂白等方面，由于有增色、抑菌防腐作用，在食品工业中多用作熟肉食品的发色添加剂。我国《食品添加剂使用卫生标准》规定，亚硝酸钠在肉食中最大的用量是0.15克/千克。一般而言，人体只要摄入0.2～0.5克的亚硝酸钠盐，就会引起中毒；摄入3克亚硝酸钠盐，就可致人死亡。亚硝酸盐是强氧化剂，进入血液与血红蛋白结合，使氧合血红蛋白变为高铁血红蛋白，从而失去携氧能力，导致组织缺氧，使人体中毒。另外，亚硝酸盐对周围血管有扩张作用，过量误食亚硝酸盐中毒后发病迅速，一般潜伏期为1～3个小时，造成的后果是麻痹血管运动中枢、呼吸中枢及周围血管，形成高铁血红蛋白，急性中毒表现为全身无力、头痛、头晕、恶心、呕吐、腹泻、胸部急迫感、呼吸困难、检查见皮肤黏膜明显发绀；严重情况下，血压下降，导致昏迷，甚至死亡。

第11章 盐与农牧

在我国，盐的应用也具有广阔的天地。广东、广西、福建等农村地区，都有用盐作肥料的习惯，已有100余年的历史。

一、盐作肥料

在农业方面，如选种、造肥、施肥、制作饲料，喂养家禽、奶牛、耕牛和养鱼，人工降雨、降雪、化冰等，都离不开盐。

农业用盐的主要成分是氯化钠，另有少量的镁、钾、硫和微量的硼、溴、碘等元素。它用于蔬菜和农作物，像大麦、小麦、棉花、豌豆、水稻、甜菜、芹菜如果缺钾，及时补充钠盐，能提高其产量；因为当钾不足时，蔬菜或农作物吸收农业用盐的钾离子，能把衰老组织中的部分钠离子置换出来，转移到新生组织中为农作物所利用。当水稻供钾不足，实施农业用盐后，钠代替钾，有利于水稻迅速生长，并能降低需钾量。

盐作肥料，必须与人畜粪尿或大杂肥混在一起泡制后，均匀撒施在田间，利于农作物的生长。如果直接将农业用盐撒在农田里，氯化物易随水消失，会降低肥效。

二、盐水选种

在农村，盐水用来精选良种和农作物，不失为好办法。

首先，掌握盐水的浓度，有条件的话，先用比重计来测定盐水的浓度。如果没有比重计，可以采用以下方法。种子的片重和相同体积盐水的片重是不同的。糯稻的片重为盐水的 1.10 倍左右，粳稻和大麦为盐水的 1.13 倍左右，小麦和裸麦为盐水的 1.22 倍左右。将已溶解的盐水舀出来一碗，放入一汤匙的种子，可以看出来，如种子全沉下来，说明盐水太淡，应该继续补加细盐；如果大部分种子漂在水面，说明盐水太浓，那么，只有加些水稀释盐水，直到大部分种子斜卧在碗底上。只有这样，盐水才浓度适中，再将谷种倒入盐水进行“水选”，若饱满完好，比重大的良种会下沉，而瘪粒和比重小的劣种会浮在盐水面。除去劣种，捞出良种。然后，将经过盐水浸泡了一段时间的种子用清水冲洗，免得表面受伤。由盐水浸泡的种子既发芽整齐，健壮，又能防治虫害。

用盐水选鸡蛋，也能采用上述方法，鲜蛋会沉入盐水下面，劣蛋或不新鲜的蛋则浮在盐水上面。

三、盐作饲料

农禽畜牧业，也离不开盐的应用。盐中的氯化钠，同样是家禽家畜饲料中不可缺少的矿物质，是维持动物生

命活动必需的物质。钠能维持血液和组织液的酸碱平衡,调节正常渗透压的稳定,还能刺激唾液的分泌,促进畜禽的食欲。再说,钠能促使脂肪和蛋白质等有机物在代谢过程中的合成;在肠道中可保持消化液呈碱性,能活化淀粉酶,并保持胃液呈酸性,有杀菌作用。所以,饲料有盐,会使畜禽食欲大增,马儿多长膘,鸡儿多生蛋,特别母牛受精前适当多吃点盐,产小公牛的概率大。当然,饲料加盐不宜太多,否则会引起畜禽吃盐中毒。畜禽以适量食盐(马每匹每天 10～25 克,牛每头每天 20～25 克,猪每头每天 2～5 克,羊每只每天 5～10 克)加入饲料,既增进动物食欲,又容易消化。应用时将食盐混入饲料或饮水中供给。总之,用盐喂牛可以保护耕牛过冬,用盐喂猪及其他牲畜,可以催膘壮体。

另外,鱼类饲料也要添加食盐,这样,可以预防鱼类生病,又增加摄食量,有利于鱼儿生长。如果鱼儿患病,同样可以用食盐治疗。①每亩水深一点,用食盐 2.5～5 千克,全池泼洒,可抢救鱼类浮头。②0.5%～0.6%的盐水,较长时间浸洗,可预防鱼类水霉病。③10%浓度的含盐水擦洗病鱼患部或把病鱼放入 2.5%的食盐水浸洗 15～20 分钟,可防治鱼类赤皮病。④用 1%的食盐水加几滴醋浸洗病鱼,可治疗鱼类白皮病。⑤用 3%～4%食盐水浸洗鱼种 5 分钟,可防治鱼类烂鳃病。⑥用 1.5%的盐水浸洗病鱼,可治鱼类车轮虫病。⑦每 50 千克的鱼,每天用食盐、大蒜、大黄各 500 克做成药饵,连喂 7 天,可防治烂鳃病、肠炎病。

四、盐治水产动物病害

鳖：①用3%食盐水浸洗5～10分钟，防治钟形虫病；②用400ppm(1ppm即1/100万)食盐和400ppm小苏打合剂全池泼洒，或用3%～4%食盐水浸洗病鳖5分钟，或用0.5%～0.6%食盐水较长时间浸洗病鳖，可防治水霉病；③用5%食盐水浸洗病鳖约1小时，可防治颈溃疡病；④用500ppm食盐和500ppm小苏打合剂全池泼洒，可防治白斑病。

龟：①用400～500ppm食盐和400～500ppm小苏打合剂全池泼洒，防治水霉病；②10%食盐水浸泡30分钟消毒养龟器皿，防治白眼病和腐甲病。

黄鳝：①用400ppm食盐和400ppm小苏打合剂全池泼洒，可防治水霉病；②用5%～10%食盐水洗擦患部，或把病鳝放入2.5%食盐水中浸洗15～20分钟，可防治赤皮病；③每50千克黄鳝用大蒜250克、食盐250克，分别捣烂、溶解、拌饵投喂，连喂3～5天，可防治细菌性肠炎；④用3%食盐水浸泡病鳝5～10分钟，可防治蛭病。

泥鳅：①用2%～3%食盐水浸洗5～10分钟，防治水霉病；②每亩用4～6千克食盐对水全池泼洒，治疗鱼苗阶段气泡病。

牛蛙：①用0.05%～0.1%食盐水浸泡蝌蚪，可防治蝌蚪胃肠炎；②将病蛙置于0.1%～0.5%的食盐水中浸洗，或用青霉素钾40万单位、冷开水100毫升、食盐0.9克、葡萄糖2.5克，溶解后浸洗蛙体3～5分钟，可防治成

蛙红腿病。

珍珠蚌：用2%～4%食盐水浸洗蚌体10～15分钟，可防治烂鳃病和胃肠炎。

五、盐水洗水果

水果有许多吃法，既能洗干净生吃，又能炒熟吃，也有人吃水果喜欢加点盐，或用盐水浸泡水果来吃；或撒上盐，腌渍几分钟再吃。据说，这样吃水果能去火，味道好，更能防止过敏。

“要想甜，加点盐”。由于咸和甜在味觉上有明显的差异，当食物以甜为主时，添加少量的咸味，可增加两种味觉的差距，从而使甜味感增强，即使人吃后觉得“更甜”。其实，用低浓度的盐水浸泡水果，会引起水果细胞脱水，水果的水分含量减少了，甜度自然就高了；脱水使水果脆性增加，吃起来更爽口些。另外，盐水可以溶解水果中的少量有机酸，这样，会增加水果的甜度。

1. 荔枝　“一颗荔枝三把刀”。许多人吃多了荔枝会感到口干舌燥、冒虚汗、头晕，是因为荔枝的含糖量较高，比其他水果的糖更易被人体吸收，引起人体血糖升高，容易上火。如果吃被盐水浸泡的荔枝，可以降火，起缓解血糖升高的作用。所以把一颗荔枝连皮放在盘子里，加上淡盐水浸过顶，置放在冰柜里备用。盐水泡过的荔枝不上火，既能解涩，又能增进食欲。

2. 菠萝　菠萝含有对口腔黏膜有刺激作用的苷类物质。另外，菠萝汁含有菠萝蛋白酶，在胃中可被胃液分泌

破坏，有少数人对这种酶有过敏反应，产生头痛、恶心、腹泻、呕吐、皮肤潮红、全身发痒、口舌发麻等症状。如用盐水处理菠萝后，可使这些症状减轻或消除，并使菠萝味道更甜美。如果先将菠萝削皮去“钉”，再切片泡入淡盐水中，放冰箱冷置后，更清甜好吃。泡盐水菠萝可去掉菠萝蛋白酶，减少甚至除掉过敏原，这样，不会使人吃后发生过敏反应，并消滞，味更甜美。若泡盐水后再切成粒状，和入奶酪，冰凉后吃更清香、可口。

3. 桃　新买来的鲜桃味道甜美，但外表细毛不易去掉，先将桃子浸入冷盐开水，就容易擦去细毛。

4. 香蕉　性凉，可降压，去燥火，泻胃火，润肠通便。香蕉蘸些淡盐水来吃最好，口感甚佳。

5. 橄榄　性平，味酸，涩苦，口味俱全，有清肺生津，利咽止咳，镇惊等作用。取橄榄 15 个去核捣烂，猪瘦肉 150 克，与水共煎加入一定量的细盐，煮熟后食肉饮汤，可治痔疮出血、慢性胃出血等。或将橄榄压扁，用细盐腌半个月去核，然后用水煎服，每次 5 个，则无涩味，口感好，能治心脏病和胃肠病。

还有去了皮的苹果、梨、荔枝接触空气后易变色，如果经过盐水浸泡，可防止变色。因为这些水果中含有过氧化物酶和多酚氧化酶，而这些酶类同空气中的氧接触时，会发生一种叫作酶促褐色反应的化学变化，从而导致水果变色。若用盐水浸泡水果，盐可使上述酶类变性，失去活性，继而保持水果本身的颜色。

第12章 盐与腌渍

公元前13世纪，国外有人已经懂得食用咸鱼。公元前3000年，古代埃及人就知道用盐或盐水来保存蔬菜，并将盐用作保存尸体的防腐剂。他们说："没有比腌制的蔬菜更好吃的食物了。"古希腊人和古罗马人也常常用盐来保护尸体，使它们不易腐烂。通过这些用盐保存尸体的实践中，人渐渐汲取了经验，发明了腌制法，用此法来保存那些易腐烂的肉类。在我国四川一带，流行做泡菜和腌菜。"屑桂与姜，以洒诸上而盐之，干而食之"(《礼记·内则篇》)。当一家农户生了一个女婴时，父亲就开始用盐做腌菜，每年做一坛，一直做到女儿出嫁那年为止。可见十几年来，用盐量之多。

一、酱腌菜的制作和习俗

我国国土辽阔，地跨寒温热三带，适于多种蔬菜生长。我国蔬菜品种多，质量好。按蔬菜食用的部位(器官)，可以分为根菜、茎菜、叶菜、花菜、果菜五类，另外还有食用菌类。蔬菜的最大缺点是容易腐烂，不易收藏。导致蔬菜变质有三个原因：一是物理因素，如温度过高，加速蔬菜本身的呼吸作用，使营养成分的消耗加快。二

是化学因素，在某些化学物质的作用下，蔬菜体内的物质产生分解。三是生物学因素，在一定条件下，微生物生长繁殖，是腐败变质的最重要因素。

为了防止和减少腐败，各地劳动人民积累了加工蔬菜的丰富经验。加工方法主要是腌制。由于腌制方法、成品体态和特点不同，可分为发酵性腌制，有湿态发酵和半干态发酵两种，前者的代表品种有酸菜、泡菜，后者的代表品种有榨菜、冬菜等。非发酵性腌制有盐腌咸菜、酱和酱油渍的酱菜及糖醋渍、酒糟渍、虾油渍的酱菜多种。盐腌和酱渍是加工蔬菜的主要方法，它用的辅料是盐同黄豆制品——酱及酱油。

由于生态环境、气候特点及长期沿袭下来的饮食习惯，我国北方居民有腌制酱菜、咸菜的悠久历史。入秋后，在过去，不论城市还是农村，几乎家家都会晾晒菜干，腌咸菜，以备冬春季节菜少时食用。我国民间酱腌菜、榨菜、泡坛菜，质优味美。从古到今，从南到北，久负盛名，其食品遍及千家万户，云集城乡市场，其品种之多，不胜枚举，其风格之异，不一而足，成为佐餐副食，或作烹饪调料，食用广泛，遍及华夏。四川重庆的涪陵榨菜，青似碧玉，红如玛瑙，以鲜、香、嫩、脆的风味，深受人们欢迎，成为中国对外出口的三大名菜之一。

1. 咸菜　就是用食盐腌渍的菜。其制作方法是将盐分层撒在要腌制的新鲜蔬菜上，或将蔬菜浸泡在一定浓度的盐水中。

2. 泡菜　是以各种新鲜蔬菜为原料，浸泡在加有各种香料的盐水中，经发酵作用而成的菜类。蔬菜在盐水

中发酵，主要是在乳酸菌的作用下进行。

3. 酱菜　是以新鲜蔬菜，经食盐腌渍成咸菜坯，用压榨或清水浸泡撒盐的方法，将咸菜坯中多余的盐水（盐分）拢出，使咸菜坯的盐度降低，然后，再用不同的酱（黄酱、甜面酱等）或酱油进行酱制，使酱中的糖分、氨基酸、芳香气等渗入到咸菜坯中，成为味道鲜美、营养丰富的酱菜。

总之，酱腌菜、泡坛菜以新鲜肥嫩的蔬菜为主要原料，四季蔬菜，无时不有，取之不尽，用之不竭。常经过原料清洗、整理造型、晾晒脱水、盐腌酱渍、入坛封装、乳酸发酵等工艺，精制成品，自然形成咸、辣、酸、甜、鲜五味调和，香脆可口的绿色食品，它不但使人们大饱口福，而且有开胃的功能。

二、食盐在蔬菜腌制中的作用

1. 脱水　因为食盐水溶液有很高的渗透压，10％的盐溶液，其渗透压能达到 60 个大气压，而微生物细胞液的渗透压一般只有 3.5～16.7 个大气压。当食盐溶液的渗透压大于微生物细胞液的渗透压时，细胞的水分外流，从而使细胞脱水，最后导致原生质和细胞壁发生“质壁分离”。脱水的微生物细胞的生理代谢活动呈抑制状态，停止生长或死亡，那么，利用食盐造成的高渗压就能够有效地抑制一些有害微生物的生长。而盐腌蔬菜，也是指食盐渗入到蔬菜体细胞内，让蔬菜细胞内的食盐含量与食盐溶液的浓度平衡，而脱水后会使蔬菜组织更致密。在

相当一段时间里，腌制的蔬菜不变质、不腐烂。

2. 防腐　一定浓度的盐水，能抑制有害微生物的繁殖。因为盐可以使蔬菜脱水，导致原生质和细胞壁脱离，蔬菜的生理代谢活动受到抑制，直至蔬菜细胞停止生长或死亡。所以，这就可以使腌制的蔬菜在一定保存期内不变质、不腐烂。

3. 增加菜馔的风味　由于盐的渗透使菜内营养物质发生化学反应，发酵产生乳酸、乙醇和醋酸而产生菜的香气和风味。但与盐的用量关系很大，需要根据不同的品种、腌渍时间长短和季节变化而灵活增减。总的来说，夏季盐浓度要高些，冬季盐浓度要低些。

三、腌制工艺和用盐量

无论腌制什么蔬菜或肉类，应掌握分批加盐。食盐水溶液有很强的渗透压，如果将腌制的菜一次加足盐，必然造成溶液的高浓度，产生剧烈的渗透作用，使蔬菜或肉类骤然失水，导致菜体或肉体皱皮、紧缩。分批加盐，可减少这种现象，有利于菜制品保持舒展和饱满的原态。总之，腌制菜用盐量的多少，要根据蔬菜的品种、质量及加工方法而定。一般来说，腌制咸菜的用盐量的最高标准不超过蔬菜重量的25%，最低不少于10%；而泡菜的用盐量较少，即食盐水溶液浓度为5%左右。如果遇到天气热，则腌制品的盐水浓度要大些，即20%左右。25%的盐水可使腌制品长期保存，经久不坏。

蔬菜和肉类的品种、质量和加工方法的不同，决定了

腌菜用盐量的不同。一般来说，组织细胞嫩，可溶性物质含量少的蔬菜，应当少用盐。比如腌雪里蕻食盐水溶液浓度为8%，芥菜头食盐水溶液浓度为12%～15%，小辣椒食盐水溶液浓度为15%～20%。而腌制加工泡菜或酸菜时，要求发酵过程中产生较多的乳酸，因而用盐量要少，食盐水溶液浓度不超过5%。如榨菜或冬菜，要求储存时间要长些而缓慢地发酵，因而，用盐量要多，食盐水溶液浓度以8%～10%为宜。

盐腌咸菜除了正确掌握用盐量，还要懂得一些必要的工艺技术，因为蔬菜是一种有生命的植物，在采收、腌制进行中，由于它仍有呼吸功能，仍然继续散发出大量的水分和热量。若时间一长，不及时采取措施，蔬菜就会产生病害，影响腌制蔬菜的质量和味道。比如，根据温度，要倒缸，既散发蔬菜的呼吸热量，又加速溶化食盐，使蔬菜受盐均匀，不至于发生霉烂，而达到保质、保色的目的。当然，最重要的是，蔬菜要选用新鲜的，必须洗净去污，减少有害微生物的生长和繁殖。再者，用盐要适量，调料要配好，温度要适宜，及时消除亚硝酸盐等致癌物质，封缸要紧密，时间要适中，才能腌成质优味美的咸酱泡菜类。

另外，腌菜时间不宜太长，因为时间太长，容易滋生有害微生物，并且在细菌的作用下会产生大量亚硝酸盐，使人食后中毒。在一定条件下，亚硝酸盐可以与一同进食的多种有机成分发生反应，在体内形成一种叫亚硝胺的亚硝基类化合物。此外，亚硝酸盐还能在人体胃肠道的酸性环境中转化成亚硝胺，亚硝胺是一种很强的致癌物。

腌制的酸菜中亚硝酸盐的含量越高，在人体内产生的亚硝胺就越多，致癌作用就越强。那么，腌制酸菜中亚硝酸盐的量受哪些因素的影响呢？

1. 腌制酸菜的时间。亚硝酸盐的浓度随时间的延长发生相应的变化。一般来说，最初的2～4天，亚硝酸盐含量有所增加；至7～8天时，含量最高；第9天以后则逐渐下降；腌制20天以后，亚硝酸盐的含量基本消失，这个时候食用较为安全，但不可过量进食。

2. 腌制酸菜的用盐量。食盐在腌制食品的过程中起抑菌防腐的作用。当食盐浓度不足10％时，加上气温较高，易造成细菌大量繁殖。其中一些还原菌（如霍乱弧菌、肠杆菌科细菌等）使蔬菜中的硝酸盐还原成有害的亚硝酸盐。当食盐浓度超过10％～15％时，只有少数细菌生长；当食盐浓度超过20％时，几乎所有的微生物都会停止生长。

3. 腌制使用的盐和蔬菜是否符合卫生标准。盐和蔬菜的质量也会影响酸菜的亚硝酸盐含量。如果使用工业用盐或不新鲜的蔬菜，则可能含有更高的亚硝酸盐而引起急性中毒症状。极少量的亚硝酸盐（1～3克）即可使人中毒，甚至死亡。

盐中毒有两种，慢性盐中毒和非食用盐中毒。

慢性盐中毒是指经常吃盐中毒，每日摄盐量高达26克，因为它容易引起高血压，故称为慢性盐中毒。非食用盐中毒是指误食非食用盐（如土盐、硝酸盐、亚硝酸盐）而导致慢性金属中毒，症状为脚痛、腹痛、毛发脱落。慢性盐中毒者要少吃盐，特别是高血压、肾病、慢性肝病者和

妊娠妇女应减少摄盐量,勿食大量刚腌的菜。制作腌菜时要多放些盐,腌制 15 天后再食用。

另外,在烧菜时将蔬菜在清水中多浸泡些时间,使菜中的亚硝酸盐大部分溶于水中,从而降低菜中亚硝酸盐的含量。另外,做菜要适量,做多少吃多少,这样,既避免浪费,又免吃剩菜而受害。还是少吃腌菜和含有亚硝酸盐的腌肉制品为好。

泡菜是一种用盐腌渍后经乳酸菌发酵而形成的风味特殊的腌制加工品,其原料多为各类蔬菜,也有少量荤肉可用于腌制泡菜。泡菜具有营养丰富、开胃消食、抗菌护肠胃、增强免疫力等功效。

泡菜制作成本低廉、加工操作简便。只要把洗净的蔬菜放入装有盐水的泡菜坛里,密封腌泡数天即可。但是,泡菜制作除了腌制蔬菜要新鲜外,还有盐水也要配制好。这盐水,是指用来腌渍蔬菜的盐水。

配制泡盐水的水要用硬水(井水和矿泉水),因为水的硬度对加工成品的影响也很大,它取决于水中所含钙盐和镁盐的多少。钙盐可增进泡菜制品的脆度,保持蔬菜的形态。而经过处理的软水,不宜用来配制盐水。用来配制的盐,最好用海盐、岩盐和井盐。

泡菜需要的盐水,包括老盐水、洗澡盐水、新盐水和新老混合盐水。①老盐水,是指使用两年以上的泡菜盐水,pH 值均为 3.7。这种盐水色、香、味俱佳,多用于接种(配制新盐水的基础盐水),又称母盐水。以前有的地方,父母将老盐水作为闺女的嫁妆,传女不传男。②洗澡盐水,是指经短时间泡制即食用或边泡边吃的泡菜使用

的盐水，pH 值一般在 4.5 左右。用此盐水泡菜，要求时间快，断生即食，故盐水咸度较高。③新盐水，是指新配制的盐水，pH 值约为 4.7。④新老混合盐水，是将新、老盐水各一半配合而成的盐水，pH 值约为 4.2。

在腌制泡菜过程中，是利用盐水的渗透压作用，使细菌失水死亡。盐水作为泡菜的主要调味料，它的配制成败，直接影响到泡菜成品的质量。比如，时间长了，盐水是否发黑有臭味，或者盐水冒泡、长霉变浑浊……应及时倒掉，换上新鲜盐水，保证泡菜的成品质量。

制作泡菜，最重要一环就是确保泡菜坛的坛沿水常满。为了保持坛沿水慢些蒸发，最好在坛沿水中放较多的盐，盐水量至少达到坛盖能接触到的程度，水就不容易蒸发了。由于盐水的存在，微生物就不容易生长繁殖，也难以进入坛内，从而保证了泡菜的较好质量。

四、腌菜时为什么要分批加盐

食盐有很强的渗透压，如果将腌菜用盐一次加足，势必造成盐溶液的高浓度，会产生剧烈的渗透作用，使蔬菜组织骤然失水，导致菜体皱皮和紧缩。分批加盐，可以减少这种现象，有利于制品能保持舒展、饱满的原态。

开始少加食盐，可使发酵性腌渍品的发酵作用旺盛，能在较短时间内产生大量乳酸，可以抑制微生物的活动，并有利于维生素 C 的保存。

一次加盐会使盐溶液浓度高，从而延长蔬菜组织与腌渍液内可溶性物质的交换平衡时间，影响菜的质量。

分批加盐,可缩短平衡时间能保证质量。分批加盐,可根据季节和气候情况及保存时间的要求,灵活地确定用盐量,防止浪费和腌菜味过重。

五、腌菜时怎样掌握食盐用量

蔬菜的品种、质量和加工方法不同,决定了腌菜时食盐的用量有所不同。一般来说,组织细胞嫩、可溶性物质含量少的,应当少用盐;否则,用盐量就大些。比如腌雪里蕻,用盐量约为 8%,芥菜头用盐量为 12%～15%,小辣椒用盐量为 15%～20%。

腌制方法不同,用盐的多寡有很大的差异。比如泡菜、酸菜、酸甘蓝等湿态发酵的腌制品,要求发酵过程中产生较多的乳酸,因此用量盐要少,不能超过 5%。榨菜、冬菜、米糠萝卜等半干态发酵腌制品,通常需要贮存较长时间,并进行缓慢地发酵,因此用盐量要多一些,掌握在 8%～10%。对非发酵的咸菜,由于在腌制过程中不需要发酵,也不产生具有防腐作用的酸类,用盐量可以达 15%左右;需要过夏天的咸菜,用盐量还应该增加,以 20%左右为宜。

六、酱菜的鲜味与盐有关系吗

将盐腌过的蔬菜,用清水浸泡,洗去盐分(有的需要压榨),然后放在酱缸内酱渍,或者放在酱油缸里腌渍,这就是酱菜。酱菜味道的好坏,决定于酱或酱油的质量。

常用的酱分为大酱(黄酱)和甜面酱两种。大酱是用大豆(或豆饼)和食盐做的,香味浓,味鲜美,含盐量高(每百斤大豆用盐 45 斤),咸味重,呈杏黄或土黄色,稀糊状。大酱制成的酱菜如大酱萝卜、酱柿子椒、八宝菜等,味道咸,适合我国北方人的口味。甜面酱是用面粉、食盐和种曲做的,富有脂香,味甜、咸、鲜三者兼有,含盐量较低(每百斤面粉用盐 25 斤),呈褐红色,质黏而稀。甜面酱制成的酱菜如甜菜黑菜、甜酱八宝菜等,味淡,咸中带有甜味,为南方人所喜爱。

大豆或小麦中的蛋白质,在制酱过程中经曲霉的蛋白酶作用,水解生成 20 种左右的氨基酸,其中谷氨酸含量较高。谷氨酸又与食盐相互作用,生成谷氨酸-钠盐,这才是形成酱或酱油鲜味的主要来源。

另外,在腌制过程中,原料里的醋在乳酸菌作用下发酵,生成乳酸。同时,原料中蛋白质分解生成的丙氨酸与水作用,也可以生成乳酸。因此,酱菜就有了鲜菜所没有的鲜味了。

第13章 用盐经验集锦

美国人马克·科尔兰斯基在《盐》书中写道:20世纪20年代,由位于美国密歇根州圣克莱尔的一家名叫"菱形晶体盐公司"企业,提供了一本小册子《菱形晶体盐的101种用途》,包括使煮熟的蔬菜颜色保持鲜亮,使冰淇淋易于冻结,使奶油迅速搅匀,使开水释放出更多热量,有利于除锈,扑灭火焰,清洁竹制家具;粘封缝隙;浆洗一种细薄的棉织品,使之硬挺;去除衣服上的污点;扑灭油脂之火;使蜡烛不滴淌;使采摘下来的花儿保持鲜艳;杀死有毒的常青藤,治疗消化不良、扭伤、喉咙痛和耳朵痛。其实,盐的用途远远超过101种,有人统计多达1400余种。

一、腌制集锦

1. 腌咸萝卜干　将新鲜萝卜晒干,去叶洗净晾干,每50千克萝卜配用食盐2.5～3千克,腌于缸内。每两层萝卜一层盐,面层应稍多于底层,装满后压上重石,过一段时间,当缸内盐水腌过萝卜顶层后,可减少一些石块;腌制一周左右,把萝卜翻出晒干,晒至萝卜由硬变软,以不折断为度,晒干后的萝卜重量约为原来新鲜萝卜的一半。

2. 腌雪里蕻　雪里蕻含有大量芥子苷,有冲鼻的辛

辣味，用少量的食盐腌过后，芥子苷水解成具有特殊香味的芥子油，这样，雪里蕻更好吃。将新鲜的雪里蕻除掉黄叶，洗净控干，用粗盐（每 5 千克菜配粗盐 500 克），加几十粒花椒用力搓揉，然后，入瓷缸中排列整齐，盖好盖子，两天后上下翻一下，使之通气、散热，20 天左右即可食用。

3. 腌鸭蛋　将清水烧沸，加入食盐，直到溶解为止。将腌鸭蛋容器洗净，用开水烫过，以消毒灭菌，倒入盐水；取新鲜鸭蛋洗净用 1%～2%的碱水浸泡 1～2 天，再用清水洗净放入盐水 1 个月，方可食用。

4. 腌做榨菜　把榨菜头洗净，剥去老皮，应纵切成 2～3 块，不必切断。晾晒 1～2 周后，用粗盐和菜头混合，用力揉搓，紧置于缸内压以重石，用盐量为原料重量的 5%～7.5%。3～4 天后，翻缸，再加 5%量的盐第二次腌制，方法同第一次。7 天后取出，榨出菜汁，每 50 千克菜头加粗盐 1.5～2.5 千克，辣椒粉 500 克，花椒 100 克，茴香、八角、广皮、肉桂、甘草、白芷、山芋粉末共 25 克，进行装缸。装缸时，层层压实，装满后，洒少量白酒，撒一层盐，再用油纸包口，以黏土密封 1～2 个月。

5. 盐做咸蛋　做咸蛋也有两种方法。①盐水浸泡法：按一份食盐配二份水的比例，将盐溶于开水。将干净无裂缝的鸡蛋，放于盐缸内，上面放一张竹篾，压上石头，防蛋上浮，然后，倒入冷盐水，以完全淹没蛋为宜。30 天即成咸蛋。②涂包咸泥法：挖取干的黏黄泥，配以等量的粗盐，用冷开水调成糊状，将新鲜无裂缝的鲜蛋，用咸泥包裹后逐层排列于缸内，加上盖封紧静置，夏季 20 多天，春秋季 30 天，冬季 50 天左右。

6. 盐制皮蛋　每50千克鸭蛋配粗盐适量(春季130克,秋季120克),红茶末50克,石灰400克,草木灰1350克,纯碱适量(春季110克,秋季105克),开水2.1升。先将红茶末放在水中煮沸,捞出茶渣,冲入粗盐和纯碱,溶化后再加入石灰和草木灰,充分拌匀,调成糊状。待料灰完全冷却后,均匀地包裹在蛋上,外面再涂上一层谷壳,然后,逐层装缸,密封贮藏。

7. 盐卤腌鸡蛋　先用500毫升开水化开1000克细盐,凉凉备用。取5000克鲜鸡蛋,洗净晾干,将鸡蛋放入盛盐水的容器。上面稍加压,以防鸡蛋上浮,盖好盖子,置阴凉处30天即可。

8. 腌白菜　取大白菜250千克,食盐2500克,先将大白菜切成几瓣,洗净控干,腌制时,在缸底撒层盐,把白菜切口向上,然后,一层白菜一层盐摆好。摆满后,用石头压住,加盖。次日,再倒缸,第三天翻缸,第七天后再翻缸,腌制20天即可食用。

9. 腌芹菜　取芹菜5000克,盐200克,白糖200克,花椒、桂花少许。将芹菜去叶洗净,切成长段,先用开水焯一下,放入缸中。把盐、糖、花椒和桂花加清水用小火煮开,待凉后,倒入缸中,浸没芹菜,加盖封口,2天后即可食用。

10. 腌芥菜头　取芥菜头100 000克,盐1000克,将芥菜头去顶、去根须,洗净沥干水分。再放入缸内,一层芥菜头一层盐,加凉水浸没。腌制10天内翻缸1次,腌制40天后即可食用。

11. 腌豇豆　取豇豆2000克,清水300毫升,盐500

克，先将豇豆洗净，控干水分。入缸时，一层豇豆一层盐，加水后，2 小时倒缸 1 次，以后每天倒缸 2 次，待盐溶化后，隔两天翻缸 1 次，连续倒缸 2 次后，封缸储存，待用。

12. 腌辣椒　取辣椒 1000 克，盐 100 克，先将辣椒去蒂、去子，洗净切成细丝，晾干，将辣椒和盐拌匀，装入玻璃瓶内，塞满后压紧，再撒些细盐，加盖后储存备用。

13. 腌西红柿　取西红柿 5000 克，盐 300 克。先将西红柿洗净，沥干水分，再将西红柿用开水烫一下，去皮晾干。入缸时，一层西红柿一层盐，加盖存 7 天，密封到冬季食用。

14. 腌黄瓜　取黄瓜若干根，盐少许。先把黄瓜洗净放在阴凉通风处蒸发水分，入缸时每 500 克黄瓜放盐 150 克，一层黄瓜一层盐。次日，倒缸 1 次，再加冷却的盐水，每日早晨倒 1 次缸，白天揭盖，让其通气。缸内切忌沾生水，7～10 天可食用，既翠绿又清香。

15. 腌香椿　将香椿洗净，沥干水分，晾干，加香椿量 20％的盐揉搓，使盐渗入香椿里面。装缸加盖，腌 5～7 天可食用，食时再用清水泡一会儿。

16. 椒盐白瓜子　先取南瓜子 1000 克，食盐 150 克，花椒粉 50 克，开水 500 毫升。首先，取食盐、花椒粉放在缸中，冲入开水，倒进南瓜子拌匀，静置 5 分钟（中间翻拌两次）后，取出摊在竹席上晒干。用旺火将砂粒炒热，再将南瓜子倒入，翻炒至瓜子发出“噼里噼拉”的响声，再炒 5 分钟左右，即可离火，筛去砂粒，摊开冷却后，即成椒盐瓜子。

17. 盐炒瓜子　取南瓜子（或倭瓜子、角瓜子、矮瓜子、白瓜子)5 千克,精盐 750 克,先将瓜子扬去泥灰,捡去秕子。放清水中冲洗瓜子壳面黏附的瓜瓤和杂质。淘净沥干后当即撒上盐,一层瓜子一层盐,混匀后,静放 3 小时左右,使盐分附着瓜子壳并渗入仁内;然后,晒干或烘干,将白砂放入铁锅内炒至烫热时,再将瓜子倒入,炒熟后即离火,最后筛去沙子即成。

18. 盐炒蚕蛹　蚕蛹为蚕茧缫丝后取出的蛹,每次取蚕蛹 20～30 克,加油和食盐炒热服食,四季均可,能和脾胃,消疳积。

19. 盐煮豇豆　每次取豇豆 100～150 克,加水适量,煮烂,再加食盐少许调味,服食,能滋阴补肾。

20. 泡白菜　取白菜 5000 克,水萝卜 3000 克,姜 50 克,花椒 20 克,大料 10 克,盐 100 克。先将白菜洗净,去根,切成方块,晾晒再入缸。又将洗净的水萝卜洗净切成片,放在白菜上面,然后,将盐、花椒、大料、姜投入凉开水内,倒入缸内,淹没白菜 3～4 天即可。微酸带咸,具有四川泡菜风味。

21. 泡萝卜条　取白萝卜 1000 克,凉盐开水 1000 克,白酒 100 毫升,干辣椒 25 克,糖 10 克,盐 25 克,香料 3 克。将白萝卜洗净去根,切成段,再纵切成条状,晾晒至发蔫。再和盐、白酒、糖、香料、干辣椒拌匀,放入有盐水的坛中,密封 5 天后即成。

22. 泡胡萝卜　取胡萝卜 50 千克,老盐水 40 千克,精盐 1250 克,干辣椒 100 克,白酒 800 毫升,红糖 300 克,醪糟汁 20 毫升,香料包 1 个。洗净胡萝卜,去须根,晾晒至半蔫。再将各料调匀,装入坛内,再放入萝卜和香

料包，密封5天即成。

23. 泡黄瓜　取黄瓜5000克，盐250克，泡菜老盐水5000毫升，红糖50克，白酒50毫升，干红辣椒100克，香料包1个。将黄瓜洗净，先用25%的盐水泡2小时，捞出后沥干，再将各料调好入坛，后放黄瓜，加盖密封，泡1小时即可。

24. 泡辣椒　取新鲜红尖辣椒500克，盐30克，白酒适量。先将粗盐放入锅中，加水煮沸，至盐溶化成卤水，备用。将辣椒洗净沥去水分，去蒂去子，切成小块。然后，将干透的辣椒块放入坛内，后倒卤水，浸泡辣椒，滴入少许白酒，加盖密封，腌泡1个月即可食用。

25. 泡生姜　取嫩姜50千克，盐10千克，凉开水15升。将嫩姜去皮去根，洗净晾干，装入泡菜坛内，后倒盐和凉开水，加盖密封10天，注意在坛口水槽加满凉水。

26. 泡橄榄　取橄榄5000克，盐200克，白糖150克，蜂蜜100克，先将橄榄洗净，晾干装好缸，再倒入冷开水和各种调料拌匀，泡制10天即可食用。

27. 泡酸笋　取笋块3000克，食盐240克，先将老嫩适中的竹笋，去除粗老部分，留用光滑笋节，投入清水浸泡，防止笋肉变老。在菜盆内盛好2500毫升凉开水，加入食盐搅拌，再将笋块平铺缸内，倒入盐水，用竹片卡紧，加盖密封，让笋块发酵4天即成。此为广东肉味泡菜。

28. 泡雪里蕻　取雪里蕻2 000克，一等老盐水1400克，食盐150克，红糖30克，醪糟汁20毫升，干红辣椒50克，香料包1个。先将雪里蕻去老茎和枯叶，洗净晒至发蔫，抹匀细盐，放于缸中，压上石头，1天后取出，沥去涩

水。再调匀各料装入缸，放入雪里蕻及香料包。用竹片卡住，加盖密封，泡 2 天即可食用。

二、食用集锦

1. 食盐炒好后放入醋内，醋不会生白霉。

2. 色拉在食用时加盐，可保持嫩脆。

3. 煲好糖水，加几粒食盐，喝着更觉甜。

4. 热剩饭时，在饭内加少量食盐，可去除饭中异味。

5. 煮鸡蛋时，在热水中放点细盐，煮熟后，在冷水中浸泡，很快就能剥除蛋壳。或者在盐水中煮荷包蛋，有助于蛋白凝固而不散。

6. 如果菜叶上有小虫，用清水难洗净，放于盐水中浸泡后洗，菜虫即掉，菜叶容易洗净。

7. 萝卜、苦瓜切好后用细盐渍一下，滤去水再炒，可减去苦涩味。

8. 煮菠菜时，如菜叶变黄时可加少许食盐。

9. 做甜食时，稍加点食盐（约为糖量的 1%），则甜品的味道更甘美。

10. 渍酸菜时，在缸里撒一点盐，可防止菜腐烂。

11. 蔬菜、瓜果食用前，先将其浸泡盐水 30 分钟，能去除残存的农药和虫卵，盐水有杀虫灭菌的作用。

12. 牛奶里放些细盐，不易变质而且好喝。

13. 将冻肉、冻鱼放入盐水中，不但解冻快，而且烹调成菜肴，味道鲜嫩味美。

14. 用食盐炒出来的花生米、五香豆，既不焦不黑，又

酥松可口。

15. 在醋和黄酒中加入少许食盐，可长期存放而不变质。

16. 将成熟的西瓜放入15%的盐水浸泡，置于地窖，放上一段时间，西瓜依然鲜嫩。

17. 煮面条先在汤里放盐，后再放面条，不但煮不烂糊，而且风味佳。

18. 鱼放在冰箱储存会变干，但放入盐水冰冻，可防止发干。

19. 豆腐干含有豆腥味，用盐水漂浸，既除味，又使豆制品色白质韧。

20. 破了蛋壳的蛋，放在盐水里煮，蛋清不会溢出蛋外。

21. 新买的、宰杀好的鱼、鸡、鸭的内膛，先用细盐在其内膛均匀地搓擦一遍，再用清水洗净，能很快去除泥腥和异味。

22. 把活鱼放在淡盐水中，1小时后，因盐水通过鱼的鳃浸入血液，能很快去掉泥味。

23. 用食盐水浸泡3天的大米，捞出喂鸡，可防鸡瘟。

24. 切好的藕放入盐水腌一会儿，再用清水清洗，这样，炒出来的藕不会变黑。

25. 鸡、鸭宰杀后，在热水中放少许盐，则拔毛又干净又快。

26. 煎猪油时放点盐，油不会外溅又无猪油味，可延长储存时间。

27. 发好的海蜇一时吃不完，可以浸在盐水中，防止风干而嚼不动。

28. 猪肉、鸡肉、鸭肉等一时吃不完，可用盐来腌制，利用盐的抑菌作用来保存。

29. 茄片用细盐腌10分钟再炒，既省油又好吃。

30. 煮粥时放点盐，不会破坏粥的胶体，也不会有泡味。

31. 将削好的水果浸泡在加了少许盐的凉开水中，既防止氧化生锈，又能保鲜。

32. 面包放入装有一把盐的容器里，盖好盖子，可使面包不会变干、发霉。

33. 把鲜桃放入盐水泡上几分钟后，桃毛立即除掉。

34. 在水中或井中撒点盐，可杀死微生物，保持水质清洁。

35. 如果西瓜食用过量，小腹发胀，就口含食盐慢慢咽下，症状片刻即消。

36. 用肉末调馅时加点盐，可使肉馅越搅黏度越大，并使打入馅中的水不渗出来。

37. 将腊肉晒干放于小口坛里，上面撒一些盐，再用塑料薄膜捆紧坛口，可保持不变味。

38. 菠萝含有苷，吃多了会过敏，吃前用盐水浸一下，可防止过敏，且口味更佳。

39. 鲜姜洗净埋入盐内，可保持鲜嫩。

40. 将肉切成片，用沸水烫一下，凉后拌以盐，置于通风处，以免变味。

41. 泡发后又不能马上吃完的海参，倒入盐水中烧开，捞出凉凉后，可延长保存时间。

42. 煮狗肉时先用盐浸渍一下，再加调味品烹制，可

去除土腥气。

43. 米淘净后，加入少许盐和花生油，这样煮好的米饭亮如光，好看又好吃。

44. 煮饺子水开后，将适量的细盐撒入水中，再下饺子，这样煮的饺子不粘锅、不粘皮。

45. 用盐水洗猪腰子，既能洗净腰子的尿臊味，又可增加腰子的美味。

46. 在咖啡中放点盐，能使咖啡增味，又除去煮咖啡的苦味。

47. 土豆烧煮时易破碎，撒点细盐能保持形状完整不碎。

48. 奶酪放入冰箱前，用浸有盐水的布包裹，可防止发霉。

49. 黑木耳沾有木渣和泥沙时，可用盐水清洗，轻轻摇匀，待水变浑，再用清水淘净。

50. 炸鱼前，先在锅内撒点盐，可防止鱼粘锅。煎鱼前，用一小袋盐擦煎锅，可防止粘锅和冒烟，在洗过的炸锅或煎锅上撒些细盐，在炉上加热时，将盐抖掉，煎炸食物时就不会粘锅。

51. 用糖凉拌西红柿时，放少许细盐，味道会更甜。因为盐能改变西红柿的酸味。

52. 如果餐桌布上溅有葡萄酒，先用布、纸吸干，再将盐撒在餐桌布上的溅洒处，盐能吸收残留的酒。之后，用冷水漂洗桌布，可除葡萄酒污渍。

53. 红薯吃多了会出现肚胀、胃灼热（烧心）等现象，如在蒸煮前加少量的盐，吃后可防止肚胀和胃灼热现象。

54. 番茄酱开罐后,一时吃不完,容易发霉变质。只要往罐头里撒少许食盐,再倒入一点食油,就可以保存较长时间。

55. 煮食物时,先在水中加点盐,能使水的沸腾温度升高,也缩短煮沸食物的时间。

56. 发好面后,以盐代碱,蒸出来的馒头又白又鲜,能保持营养,减少损失。

57. 油炸食物时,先放些细盐,可防止食油飞溅。

58. 将核桃放在盐水中浸泡数小时后,核桃仁易剥出。

59. 在母鸡的饲料中拌入少许食盐,其产蛋量会明显增加。

60. 打蛋时,在蛋清中加一点盐,便可快速调匀。

61. 宰杀家禽时,让禽血流入装有少量食盐的水中,能使禽血加快凝固,用这种凝血煮汤不易碎裂。

62. 红枣在夏天保存容易生虫、霉变,若将红枣暴晒几天,再将食盐炒热放凉,按每千克枣加 80 克食盐装入塑料袋中,密封保存,红枣不会生虫、霉变。

63. 蘑菇和黑木耳放入淡盐水中略加浸泡,再用清水洗净,容易洗去泥沙。

64. 在制作面条或饺子皮时,在和面的水中加入占面粉量 2%～3%的细盐,不仅可使面皮弹性增强,黏度增大,而且好吃。

65. 将瓜果蔬菜在盐水中浸泡 20～30 分钟,有去除残存农药、寄生虫卵和一定的杀菌作用。

66. 取盐 2.5 克,醋 25 克,小苏打 10 克,加入适量白

糖和少许香料，再加凉开水 1500 毫升，搅拌混匀，即成盐汽水。

67. 炒豆角、芸豆时，先将豆角和芸豆在开水里烫过后捞出，然后撒上一些细盐，再入油锅煸炒，可保持其鲜嫩的颜色不变。

68. 做肉丝汤时，不要过早放盐，因为盐能加速肉内蛋白质的凝固，使肉内水分很快跑出来，从而影响肉丝汤的鲜味。

69. 炒菜时，不慎油锅起火，立即往锅内撒一把盐就能将火灭了。

70. 剁肉馅，做肉丸子时，加入一点食盐，可使其黏度增强，不易松散，而且吃起来也是松软鲜嫩。

71. 熬猪油时，放点盐，可使熬好的熟猪油久贮不变，不生哈喇味。

72. 在煺鸡、鸭毛的沸水中，放一汤匙食盐，先烫脚爪及翅膀，再烫鸡、鸭的身躯，不仅乳毛等能很快煺下来，而且防止拔毛时脱皮。

73. 夏天买来的牛奶，容易变味，先放入适量细盐，可使牛奶保存 2 天不变味。

74. 夏天买来的豆腐放入凉开水，按豆腐与盐 10∶1 的比例加入食盐，可放数天不坏。

75. 苦瓜切好后，先加少量盐腌渍一下，滤去汁水再烹炒，就可以减少其苦味。

76. 将冰冻的鱼、鸡和肉，放入盐水内解冻，不但解冻快，而且烹饪成菜肴时，会更鲜嫩味美。

77. 过咸的腌肉，可用盐水搓洗，但盐水的浓度要低

于咸肉中所含盐水的浓度，漂洗几次，咸肉中的盐分会逐渐溶解入盐水中，最后，再用淡盐水清洗一下即可。

78. 做菜用的调料黄酒，为防止其放久变质，可往酒瓶里放适量盐（特别是在夏天）。

三、巧用集锦

1. 新买的瓷杯、瓷碗和玻璃杯，先放在盐水中煮过，不容易破损。

2. 受潮的火柴盒，放在食盐上面，一二分钟后，火柴很快会恢复原样。

3. 用浓盐水倒入厨房洗涤槽的排水管内，可使它保持清洁，防止发臭和油渍污染。

4. 烧水时，在煤球上撒点细盐，能使炉火更旺些。

5. 点煤油灯时若冒烟，放点细盐于油中，能防止冒烟。

6. 蜡烛燃烧时常流“泪”，放点细盐可使蜡烛不再“流泪”，燃烧更亮。

7. 炉膛里泥里掺些粗盐，则炉膛不会过早干裂。

8. 新油的墙壁或家具有浓烈的油漆味，只要在地板上放置一盆冷盐水，油漆气味能消除。

9. 调糨糊时，放点细盐，不易发霉。

10. 新买来的砧板，先用盐水浸泡至 2 天再用，可保持其含一定水分，防止裂开。

11. 碗碟有了积垢，用食盐和醋洗刷，可以洗得干净。

12. 在水仙花的盆中放入少许食盐，能延长花开

时间。

13. 毛巾用久会变硬且有气味，用盐水揉洗后，能除去气味，软和如新。

14. 把鸡蛋埋入盐罐内，保鲜时间较长。

15. 用10%的盐开水揉洗带汗渍的衣服，再用肥皂洗涤，可去除黄色汁渍。

16. 新买的有色衣服放在5%的盐水中泡一泡，可保持衣服的鲜亮颜色。

17. 沾有青草渍的衣服，浸入食盐水中（1升水加100克盐），轻轻揉搓，可去除青草渍。

18. 用盐水选出来的谷种，发芽整齐、健壮，又可防病、除虫害。

19. 胡萝卜捣碎后拌细盐，可去除衣服上的血迹。

20. 柠檬汁加盐，是钢琴键或大理石的最佳清洁剂。

21. 检查鸡蛋是否新鲜，可将其放入盐水中（一盆水加一匙盐），新鲜鸡蛋沉入水中，不新鲜的蛋则浮在水面上。

22. 切过葱蒜的菜刀若有较浓气味，只要用盐末一擦，气味很快就消除。

23. 泡沫塑料鞋买来后，先放入盐水里浸泡半天再穿，既不易裂开，又耐穿。

24. 新买的铁锅又脏又锈，放些食盐在锅里炒黄后再擦，可去除脏和锈。

25. 磨钝刀时，先把刀放在盐水中泡20分钟左右，再边磨刀边淋盐水，既容易磨得快，又延长菜刀的使用寿命。

26. 木炭上洒一些盐水，干燥后使用，可燃烧得更持久。

27. 买来的新牙刷放在盐水里浸泡 30 分钟左右，可以使牙刷经久耐用。

28. 用食盐擦洗金属器皿，可以去锈除垢。

29. 洗刷油瓶时，往瓶内放些食盐，再加小半瓶碱水，按住瓶口摇晃，可去除油垢。

30. 手洗过鱼后会有腥味，可用细盐先在手上搓擦一下，再用肥皂洗，腥味可消除。

31. 茶杯用久会积下一层茶垢，用手蘸一点细盐在茶杯内轻轻擦几下，茶垢即可去除。

32. 调制刷墙的石灰浆时，加些食盐，干后就不易掉灰粉。

33. 白酒中加些食盐可作去污剂。很容易擦洗器物上的油垢污渍。

34. 将鲜花插在浓度适当的盐水瓶里，可以保持较长时间而不凋谢。

35. 庭院中杂草丛生时，可用大量食盐撒在地上，抑制杂草生长。

36. 家养的金鱼，如患白点病或肠炎，则捞出金鱼放入装有 1000 毫升水、3 克盐的鱼缸中，可使金鱼恢复健康。

37. 如果棉织品衣物不慎被烫焦，可用精盐少许，放在烫焦处涂擦，焦痕即可消除。

38. 烟灰玷污白色衣物或地毯时，可用温盐水刷洗干净。

39. 染衣服时，在染液中放少许食盐，可使染出的衣服颜色鲜艳。

40. 用包香烟的锡纸沾些细盐拭擦铜器，可去除污垢。

41. 用盐水洗竹藤器，美观柔软又耐用。

42. 生炉子时，烟雾太浓，撒把盐可以使烟雾消散。

43. 麻绳如太硬，先放在盐水里煮一下就会柔软耐用。

44. 浴用海绵若又粗又滑，在冷盐水里浸一会儿，就会又软又松。

45. 电池用完后，在炭棒的外面钻两个小孔，灌进盐水用蜡封好，可让废电池重放光明。

46. 照相底片经显影定影后，放入盐水泡一泡，再用清水冲洗，能缩短清洗时间。

47. 两只相似但颜色不同的袜子，放在盐水里煮 1 小时，颜色会一样。

48. 洗衣服领口时，在上面撒些细盐末，污渍就容易除去。

49. 如果衣服上沾上酒渍，应立即撒上一些细盐，过 1 小时后再如常清洗。

50. 牛仔裤穿脏了，洗时易褪色，先将其放在浓盐水中浸泡 2 小时(需冷水)，再用肥皂洗，这样，就不褪色了。

51. 用洗衣机洗衣物时，如果泡沫过多，就撒些盐，即可减少泡沫。

52. 洗蚊帐时加入少许细盐，能避臭虫。

53. 夏天用毛巾揩汗，毛巾会黏糊糊的，若先用食盐

搓洗，再用清水漂净后，即可清新干净。

54. 棉织品发黄了，可用盐加苏打粉，用水煮 1 小时，黄色即可褪去。

55. 当胶底帆布鞋有臭气时，在鞋上撒少许细盐，即可吸收汗水并除臭。

56. 草帽旧了，用盐水刷洗，能使之焕然一新。

57. 新买的浴巾在使用前用盐水浸透，可预防其发霉。

58. 灯泡有了污渍，可用洗涤灵加入少量食盐轻擦，然后，用清水洗净，擦干，灯泡的亮度和新的一样。

59. 煤油掺进水后，会使煤油无法使用，若在煤油桶内撒一些细盐，煤油就可以使用。

60. 将蜡烛先在浓盐水中浸泡数小时，取出，待彻底干燥后，燃烧时不会流蜡。

61. 新扫帚如果在热盐水中浸泡后再使用，可延长扫帚的使用寿命。

62. 粉刷墙壁时，在石灰水中放 0.3%～0.5%的盐，能增加石灰的附着力。

63. 在金鱼缸水中放点普通食盐(不用加碘盐)，可使金鱼更活泼健康。

64. 用盐和苏打水清洗冰箱内部，效果良好。

65. 银制品上有了污渍，先用盐擦拭污渍后再清洗，清除效果较好。

66. 铜器上有墨斑点与污渍，用细盐可以擦掉，使其焕然一新。

67. 清洗铜器时，先用盐水泡铜锅上的污渍，再用浸

有姜汁的布擦洗，效果很好。

68. 用久了的暖水瓶，瓶胆内往往结有一层水垢，将小苏打和盐水灌入瓶中，再加入一些碎蛋壳，盖上瓶塞频频晃动，即可除去水垢。

69. 清洁铁锅上的油腻时，先放入少量盐，再用纸擦铁锅，油腻容易清除。

70. 白色瓷砖、瓷澡盆、瓷脸盆如有褐色铁锈斑，可用适量的食盐与醋配成混合液擦洗。

71. 冬天用浸有盐溶液的海绵，擦拭窗户玻璃内面，不会结霜；用装有盐的湿布小袋擦汽车挡风玻璃，可防止其积雪。

72. 织物上的霉斑或锈斑，可用柠檬汁与盐混合液浸泡，并置于阳光下漂白，最后用清水洗干净。

73. 菜刀柄用久会脱落，可将菜刀柄浸一浸盐水，再插回去就不会脱落。

74. 用肥皂和水洗后的菜板，再用浸有盐的湿布擦洗可使其光亮。

75. 砧板上有鱼腥味时，用泡米水和碘盐擦洗，再用热水清洗，可除腥味。

76. 壶嘴上有污渍时，可用湿盐将壶嘴覆盖一夜，翌日用热水清洗。

77. 用浓盐水喷洒过的木炭，燃烧时热量增大，烟气少，可节约 1/3 的木炭。

78. 在火炉中燃烧的木柴上撒些盐，可防止烟灰在烟囱中积聚。

79. 在有冰雪的道路上洒些盐水，可加速冰雪的融

化，加快道路的畅通。

80. 在杂草多的地方，可将腌鸡、鸭蛋或腌菜的盐水，分 3 或 4 次泼在杂草丛生处，可遏制杂草生长。

81. 邮票上沾有墨水迹时，可把邮票放入含适量食盐的热水中浸泡半小时，墨迹即可消失。

82. 邮票上有黄斑时，可在小盘中放些牛奶及食盐调匀，再放入邮票，浸泡一会儿，黄斑即可除去。

83. 夏天，如把新鲜鸡蛋放在干盐堆里储存，可以保存较长时间不坏。

84. 铜器使用久了，黯然无光，如用食盐加锯末擦洗，可使其恢复光亮。

85. 陶瓷器上有油污时，用橘子及蘸点食盐擦拭，可将其上的油污去掉，效果明显。

四、保 健 集 锦

1. 每日用淡盐水漱口 2 或 3 次，可防止牙龈出血。

2. 若患有沙眼、迎风流泪等眼疾，用淡盐水洗双眼，效果甚佳。

3. 若脚上有蚂蟥叮住，可撒点细盐，蚂蟥则收缩，自行跌落。

4. 在浴盆里冲上温盐水，洗几分钟，可解除疲劳，医治皮肤病。

5. 清晨起床后，喝上一杯淡盐开水，既清理肠胃，强身健体，又能保持大便通畅。

6. 晚上用淡盐水洗脚，不仅舒适，而且能防治维生素

B_1 缺乏病(脚气病)。

7. 皮肤不慎被开水烫伤时,用淡盐水涂抹能及时减轻疼痛。

8. 因受寒而患胃病时,将粗盐 1 千克炒热,用布包好,反复轮换热敷患处,止痛效果尤佳。

9. 蛇或毒虫咬伤后,煎浓盐水,擦于患处数遍,能稳定症状。

10. 对于因寒痛经,闭经或产后腹痛,炒热粗盐后,用布包扎好,外敷脐部,有明显疗效。

11. 初生的疮疔,痛痒难熬,口嚼食盐,擦于患处,立即能止痛痒。

12. 酒渣鼻患者,若常用细盐涂擦赤鼻部位,一日数次,久而好转。

13. 对于患泻痢、肛门痛不可忍的患者,炒热粗盐,趁热包好,垫于肛门下面,会使其顿觉舒服,止痛甚快。

14. 洗头发时,先用 5%食盐水冲洗,后用洗发露搓洗,可使头发柔软发亮。

15. 唱歌前,喝点淡盐开水,能防止嗓子干哑。

16. 夏天会出许多汗,喝点盐开水,有清理肠胃,补充水分的作用。

17. 手足抽搐、四肢麻木时,可将粗盐炒热包好,在患处擦抹,有驱湿祛寒之功效。

18. 眼睛不慎飞入辣椒子时,将一粒黄豆大小的食盐放在嘴中含嚼,能减少辣椒刺激。

19. 拔牙时,若流血不止,立即取浓盐水用药棉浸透来紧塞伤口,1 小时取出,血马上被止住。

20. 老年人常用淡盐水含漱咽喉部，可以防止呼吸道感染。

21. 发生食物中毒时，取食盐 100 克，炒焦、泡汤、淡饮，随吐随饮，方能解毒。

22. 用茄子根和盐煮开水洗脚，可治疗维生素 B_1 缺乏病（脚气病）。

23. 大量出汗者，喝较浓盐开水，能补充身体盐分，预防中暑。

24. 婴儿吃的鲜奶里稍加一点盐，可防止“上火”。

25. 用布包上炒热的粗盐擦腋下，去除腋臭有特效。

26. 盐与蛋白质混合敷用，对面疱具有杀菌收敛作用。

27. 皮肤晒伤者，待红肿消失后，用点细盐揉搓患处，使半脱落的皮容易脱落。

28. 海水浴含有盐分，可使皮肤富有弹性而更加健康。

29. 将盐炒熟研细，饮于喉中，吐出涩水。

30. 唱歌、演讲和做报告时，喝点淡盐开水，可避免喉干、嘶哑。

31. 感冒不适、肚子痛时，喝点盐开水，能暂时缓解症状。

32. 头痛时，用少量精盐擦舌头，同时喝点盐开水，可减轻头痛。

33. 腿部发酸疼痛时，用盐开水和白酒涂擦，酸痛可以减轻。

34. 脓水淋漓的疮疡，在换药之前，先用凉盐开水冲

洗，有杀菌消炎作用。

35. 患急性局限性皮炎而皮肤红肿瘙痒者，可用食盐泡水洗涤、涂抹。

36. 用食盐加大蒜头捣烂敷脚底，可治鼻出血。

37. 被蜂、蝎、蜈蚣蜇咬后，立即用淡盐水清洗患处，可消肿止痛。

38. 食盐一茶匙，白醋半茶匙，开水半杯，搅和均匀后，用棉花蘸之洗面，每日 1 次，可治粉刺。

39. 生桃树叶适量，加少许盐捣烂，敷病人太阳穴上，可治风热头痛。

40. 取 250 克新鲜葱白，切细后与适量的盐放锅内用大火炒热，然后用布包好热敷前额，可治头痛鼻塞。

41. 若脚上长癣，将盐研成细末，涂擦患处疗效较好。

42. 食盐 6 克，明矾 15 克，开水冲化后洗患处，可治湿疹。

43. 去刺仙人掌适量，再放一小撮盐，捣烂敷患处，可治急性乳腺炎。

44. 取细盐 250 克炒热，洒入适量的陈醋，再炒片刻，用布包好，敷熨患处，可消除臀部打针后的硬块。

45. 用 1% 的食盐水漱口，可治扁桃体炎。

46. 食盐 250 克，葱白 10 根（切段）同炒，趁热敷腋下，可治大小便不通。

47. 鲜石榴一个，全部捣碎，加细盐少许，水煎吸，每日 3 次，可治久泻久痢。

48. 将适量的盐煮热后装入袋中，以耳枕之，冷后再换，可治耳鸣。

49. 服用补肾药物，用淡盐水送下，易于吸收。

50. 发生食物中毒时，可取 100 克食盐炒焦，然后泡汤淡饮，随吐随饮。

51. 患急性胃肠炎呕吐时，增加饮食中盐分，有利于保护胃肠器官。

52. 下水田劳动后，用淡盐水冲洗手脚，可防止稻田皮炎。

53. 牙痛时，将龋洞内腐败物清除后，用白胡椒少许，掺精盐少许，塞入龋洞内可止痛。

54. 盐 5 克，茶叶 2 克，取 1000 毫升开水冲泡，凉后饮服，有补液止汗、提神醒目的作用。

55. 蚊子叮咬后，将被咬处先用盐水洗净，然后，用盐和猪油混合涂于患处。

56. 被蝎子或蜂蜇后，把少许细盐用水调成糊状，敷于患处，用纱布包好，再用热水稍浸，片刻就可止痛。

57. 脚疲劳酸痛时，将痛脚放在加有盐的热水中浸泡一会儿，然后，再冷水洗脚，可消除疲劳。

58. 将盐研成细末，用一份盐与两份食用苏打粉混合，用于刷牙，可使牙齿变白，有助于防治牙病，对保护齿龈有益。

59. 取半汤匙盐加入 0.5 升水中，搅匀，用此水洗眼睛，可消除眼睛疲劳。

60. 食盐 25 克，鸭蛋 3 个，韭菜 100 克，加水煮熟，每天早上空腹吃一个，可治风火牙痛。

61. 脚干裂时，可用水 3 千克加盐 1 千克，煮化，洗脚 7 天，可治脚干裂。

62. 食盐250克，细沙500克，炒热后包入纱布中，夜晚睡时敷关节，连敷7天，可治风湿关节痛。

63. 患急性肠炎时，可取红薯藤100克切断，加盐烧焦煎水服。

64. 饮食过多，胃腹胀痛时，浓煎盐水服2或3次，可催吐。

65. 对于炎性伤口，上药或换药前用生理盐水洗涤患处，可消炎止痛。

66. 盐和洋葱汁煮开食用，可治疗维生素C缺乏病（坏血病）。

67. 浓煎盐汤，浸身数遍，可治虫蛇咬伤。

68. 阴部生疮时，盐熬后用药棉包裹外敷，可减轻症状。

69. 食西瓜过量，小腹胀痛时，可咽下少许食盐，片刻即消。

70. 西瓜汁加少许食盐调和后饮用，可解酒。

71. 妇女妊娠，胃痛难忍受者，用盐一撮和少量米酒冲服，有良好的止痛效果。

72. 当嗓子内小舌红肿下垂时，用一只干净的筷子蘸些盐末点治，可减轻咽喉部不适。

73. 婴儿腹泻时，取500毫升开水加白糖10克、食盐5克，随时口服。

五、医用集锦

1. 痈疮热毒，疥癣湿痒　小蓟根、叶，加少许食盐，捣

烂后，敷患处或煎汤洗。

2. 无名肿毒，疮腮　菊芋（洋生）的鲜嫩叶、根，加少许食盐，捣烂敷患处。

3. 疮痈红肿，无名肿毒　鲜百合洗净，用少许食盐，捣烂后敷患处，每日换1或2次。

4. 红丝疖及痈疔　白菊花加少量食盐，捣烂敷疔上，红丝疖便立即退去，延续3或4次。

5. 天疱疮　鲜马齿苋菜适量，加少量食盐，一同捣烂敷患处。

6. 皮肤瘙痒　槐树叶一撮，食盐少许，捣烂后擦患处，连续数次。

7. 漆疮肿痒（生漆过敏引起）　韭菜一把捣汁，加食盐、香油调擦患处。

8. 湿疹　食盐100克，明矾100克，开水冲化，洗涤。

9. 阴囊湿疹　鲜甘薯嫩叶一把，洗净切碎，加食盐少许，同捣烂后用水煎，乘温洗患部，洗后在患处撒滑石粉或松花粉。

10. 腰扭伤　食盐、豆腐各200克，捣烂贴患处，用布带围好。

11. 鸡眼　①乌梅50克，食盐150克，醋一茶匙，先用温水将盐化开，浸泡乌梅24小时（鲜乌梅12小时），去掉核、捣烂，加醋调敷患处；②蜈蚣1条，文火焙至微黄，研末，用盐水调敷。

12. 外伤出血　卷柏200克，食盐50克，煮沸后取出卷叶，焙干，研细末，贴患处。

13. 慢性结膜炎　用温开水溶解食盐，冷却澄清后，

频洗眼部。

14. 脚癣 煅炉甘石末少许，加适量食盐。

15. 结膜炎 生栀子 100 克，食盐 30 克，水煎澄清，分 3 或 4 次洗眼。

16. 角膜溃疡 白色刀豆花一把，生盐少许共捣烂，取汁，点眼，每日 3 或 4 次，其渣可敷眼。

17. 巩膜炎 野麦冬 5 粒，盐少许，共捣烂，用橘叶包裹剪去一端，塞鼻一夜，左痛塞右，右痛塞左。

18. 睑腺炎(麦粒肿) 食盐 3 钱，开水冲洗一大碗，澄清后分 3 次洗服。

19. 便秘 盐 15 克，开水冲化，每日饭前分 3 次服下。

20. 暑汗脱水 食盐 15 克，绿豆 15 克，生姜 2 克，水煎煮，饮汤吃豆，日 2 剂。

21. 牙龈出血 食盐 50 克，轧成细面备用，每日早晚用牙刷蘸盐末刷牙。

22. 手足心见气毒肿 食盐 30 克，冰片 10 克，研细，香油调匀，涂抹患处，日 4 次。

23. 蛲虫 食盐 10 克，用消毒水配成 10%的盐水灌肠，每日睡前灌肠 1 次。

24. 臁疮 食盐罐内黑泥，捞出晒干，研细，直撒患处，如局部干燥，香油调涂，日 2 次。

25. 牙龈肿痛 食盐 30 克，用消毒水配成 15%的盐水，15 克食盐研细备用，先用食盐水漱口约 3 分钟，后将食盐擦患处，日 3 次。

26. 霍乱腹痛 炒盐一包，熨其心腹，令其气透，又以

一包熨其背部即愈(《救急方》)。

27. 气淋脐痛　用盐和醋服下(《广济方》)。

28. 蜈蚣咬伤　以盐嚼后涂之,或以盐汤浸之。

29. 血痢不止　白盐纸包,烧研,调粥吃三四次(《救急方》)。

30. 身弱足软　温水 30 桶,加盐 3750 克(7.5 斤),化匀浸洗,日 3 次(《盐淋浴水方》)。

31. 狂笑病不休　沧盐煅赤,研入河水,煎沸啜之。探吐热痰数升,即愈(《儒门事亲》)。

32. 手足扭伤及跌打关节痛　用布煎和生理盐水敷患处,即痛止(《时逸人方》)。

33. 脚湿气　食盐 30 克,白矾 30 克,鲜叶 50 克,水煎煮洗,日 3 次。

34. 头痛　盐 250 克为末,以麻油一升,合煎一宿,令消尽,涂头,石盐尤良(《千金方》)。

35. 肾虚头痛　食盐、硫碘末等份,水生调而糊,丸梧子大,每服薄荷茶下 5 丸。

36. 霍乱　食盐一撮,放刀口上,烧红似阴阳水,即半滚半冷水一起冲服,服后腹痛渐止(《济生秘览》)。

37. 霍乱腹痛　炒食盐二包,熨其心腹,一熨其背,扎通自愈(《救急方》)。

38. 赤痢　白纸三张,裹盐三匙,烧赤研末,分三服,米饮下(《圣惠方》)。

39. 痈疽　盐白梅烧存性为末,入轻粉少许,香油调涂四周(《易简方》)。

40. 牙痛　青盐 250 克,槐树皮 125 克,将槐树皮加

水800毫升，煎至400毫升，再加青盐熬干，微炒后研末，用纱布煎末擦牙，每天3次。

41. 感冒　食盐3克，生姜15克，葱白15克，将以上3味药捣烂，用纱布包好，擦手心、脚心、胸上，片刻即汗出(《外用方药》)。

42. 水痘　食盐30克，加水500毫升，洗患处，用于水痘未破前。

43. 急性结膜炎　食盐0.9克，研极细，将食盐放在掌心，再用指头蘸水少许加入盐内，两掌合擦40次，将带盐水的两掌，趁热擦洗眼眶30次，然后，用清水洗净，每天数次。

44. 沙眼　青盐6克，桑叶15克，澄清取上清液洗眼，每天3次。或食盐3克，用一碗水化开，洗眼，每天1或2次。

45. 鸡眼　食盐、食碱、白矾各9克，共研细末，白酒调和成糊状，先将鸡眼挖出，随即将药涂上，药干后再涂3或4次。

46. 关节痛　食盐500克，小茴香120克，共放砂锅内炒热取出一样，用布包裹熨痛处，凉了再换，日3次。

47. 恶心呕吐　田螺数个，食盐少许，共捣如绒，敷石门穴上1小时。

48. 中暑　细盐一撮，揉擦双手腕、双足心、双胁、前后心共8处，搓出许多红点，全身觉轻松即愈。

49. 吐血　食盐9克，用开水半碗冲化，放冷后服用。

50. 急性胃肠炎　吴茱萸、木瓜、食盐各25克，共炒焦后水煎服，每日1剂。

51. 腹痛　青盐15克，炮姜25克，共为末和匀备用，每服10克，白开水送服；或者，食盐1000克，葱白200克，共捣匀炒热，分成2份布包，趁热轮流熨患处。

52. 解洗发粉毒　炒食盐6克，凉开水灌服，并以棉柱（签）搅喉催吐。

53. 溴及碘化物中毒　盐溶于开水中，频饮盐开水。

54. 腰扭伤　盐块、豆腐各200克，同捣烂贴于痛处，用布带围好。

55. 烫火伤　食盐和人乳混匀，敷患处有奇效。

56. 蚯蚓咬伤　先饮盐汤一杯，再以盐汤浸足乃愈。

57. 汗斑（花斑癣）　晚上用细盐搽患处，初搽疼痛，须耐之，数次后即愈。

58. 香港脚　食盐50～100克，煅炉甘石末少许，用开水溶化食盐洗脚；再在患处撒上煅炉甘石末少许。

59. 荨麻疹　食盐粉，泡水洗患处。

60. 牙痛　卤水煅干研面，备用。先用糖擦之，再用卤水面干擦之。

61. 牙痛　咸鸭蛋2个，韭菜100克，盐9克，加水共煮，空腹服。此方适用于风火或风寒所致牙痛。

62. 脚气　盐3000克，蒸热分裹，以脚踏之，令脚心热，夜夜用之，合槐白皮蒸，效果更佳。

63. 痛经　青盐250克，炒热，用布包好，待不烫皮肉时，包扎于小腹处温熨。

64. 天疱疮　马齿苋适量，加盐捣烂敷患处。

65. 冻疮　用茄根加盐煮水，洗脚可愈。

66. 急性中耳炎　盐卤少许，滴入耳内，约1分钟倒

出有疗效。

67. 中风腹痛　盐半斤，熬水干，着口中，饮热汤二斤，得吐愈。(《肘后方》)

68. 一切脚气　盐三升，蒸，候热分裹，近壁，以脚踏之，令脚心热。又和槐白皮蒸之，尤良。夜夜用之。(《食疗本草》)

69. 脚气疼痛　每夜用盐擦腿膝至足甲，淹少时，以热汤泡洗。有一人病此，曾用验。(《救急方》)

70. 风热牙痛　槐枝煎浓汤二碗，入盐一斤，煮干揩牙，以水洗目。(《唐瑶经验方》)

71. 风病耳鸣　盐五升蒸热，以耳枕之，冷复易之。(《肘后方》)

72. 疮癣痛痒初生者　嚼盐频擦之。妙。(《千金翼方》)

73. 脱阳虚证　四肢厥冷，不省人事，或小腹紧痛，冷汗气喘。炒盐熨脐下气海，取暖。(《救急方》)

74. 心腹胀坚，痛闷欲死　盐五合，水一升，煎服。吐下即定，不吐更服。(《梅师方》)

75. 血痢不止　白盐，纸包烧研，调粥吃，三四次即止也。(《救急方》)

76. 金疮中风　煎盐令热，以匙抄。沥却水，热泻疮上。冷更着，一日勿住，取瘥，大效。(《肘后方》)

77. 齿痛出血　每夜盐末厚封龈上，有汁沥尽乃卧。其汁出时，叩齿勿住。不过十夜，痛血皆止。忌猪、鱼、油菜等。极验。(《肘后方》)

78. 小儿疝气、尿闭不通　食盐一把，醋适量。将食

盐炒热，然后用醋调匀，涂脐中，即可。

79. 治腋臭　食盐适量，先把盐炒热，用布包好，擦腋下。

80. 治蜈蚣、蜂叮咬　用盐适量，将盐制成浓盐水，冲洗患处。

81. 治冻疮　茄根、盐各适量。将两味混匀，即成。敷患处，有奇效。

82. 治疝气　食盐 100 克，将盐炒热，备用。用布包擦患处。

第 14 章　用盐知识解答

一、人为什么每天要吃盐

开门七件事，“柴米油盐酱醋茶”，说明盐是人们生活的必需品。宋朝文学家苏轼有诗赞曰：“岂是闻韶解忘味，迩来三月食无盐”。吃饭时，菜里如果不放盐，即使山珍海味也如同嚼蜡，没有美食味道。

不管是人类还是动物，无论是陆生还是水生的生物体内部都有盐，尤其是人体，盐更是不可缺少的物质。一个体重 70 千克的人，体内有 150 克盐，血液里含有约 5％的盐，汗液、淋巴液及脊髓液内含盐量更高。

盐不仅是重要的调味品，也是维持人体正常发育不可缺少的物质。它调节人体内水分均衡的分布，维持细胞内外的渗透压，参与胃酸的形成，促使消化液的分泌，能增进食欲；同时，还保证胃蛋白酶作用所必需的酸碱度，维持机体内酸碱度的平衡和体液的正常循环。人不吃盐不行，吃盐过少也会造成体内的含钠量过低，会发生食欲不振、四肢无力、晕眩等现象；严重时还会出现厌食、恶心、呕吐、心率加速、脉搏细弱、肌肉痉挛、视物模糊、反射减弱等症状。吃盐过多，也对人体有害无益，会引起高

血压等其他症状。

二、一个人每天该吃多少盐

大家知道，盐是每个人天天需要的调味佳品，它的主要成分是氯化钠，还含有少量的钙、碘、钾等微量元素，是人类生存不可缺少的物质。人食入盐后在体内分解为氯离子和钠离子，钠离子是血浆组织液等细胞外液的组成部分，在细胞内盐的主要含量是钾离子，比细胞外液高20～30倍，而细胞外液的钠离子又比细胞内高出15倍左右。由于钠和钾在数量上和质量上的特殊构成比例，从而维持着人体细胞正常渗透压和组织细胞之间的各种物质交换，以及体内各生理、生化反应的需要，也是人体健康和生命安全的必需。

在正常情况下，人体通过细胞复杂的交换功能，保持着细胞内外盐的平衡，并通过肾脏在血液循环中，对钠盐和钾盐的吸收、排泄，维持着人体生存的最适宜水平，这种维持人体生存的最适宜水平是成年人每天食盐的摄入量为0.5～1.5克，一般以1克为佳，最多不超过4克，因为食盐与高血压的发生和发展密切相关。

三、怎样鉴别食盐是否含碘

如果你购买一包加碘盐，要知道是否含了碘？检测碘盐方法比较多。

可以采用简单的干式检测法，先取少许食盐放在白

瓷碗里或者玻璃片上，用水拌湿后加入微量漂白粉，搅拌一下，再加入少量淀粉拌匀即可。若盐中含碘，则呈蓝色，含碘量越高蓝色越深；若无碘时，则为暗红色或无色。

有条件的地方，还可以采用可溶性淀粉、硫酸和过氧化氢这三种方法试药，配成用于检查碘盐中碘化物浓度的定性和半定量的成品试剂，可直接滴到碘盐上，这样不仅能够知道盐中是否含碘，而且还能测出碘盐的大致浓度。

四、如何使用加碘盐

碘盐，就是在普通食盐中加入一定量的碘化钾和碘酸钾等碘化物制成的盐。这种碘盐可以有效地预防和控制碘缺乏病。但碘化物极不稳定，容易挥发。因此，使用碘盐时，应注意以下几点。

1. 防止高温爆锅　据食品专业试验，在炒菜爆锅时放碘盐，碘的吸引率仅为10%；在炒菜中间放碘盐，碘的吸引率为60%；在菜出锅时放碘盐，碘的吸收率为90%；凉拌时放碘盐，碘的吸收率为100%。所以，碘盐最好在炒菜将出锅时放入，可减少碘的挥发，增加其利用率。

2. 避免过多加醋　如果把碘和酸性物质结合后会遭到破坏。炒菜时不加醋，碘的利用率为80%，加醋后则仅为50%。另外，西红柿及酸菜等也会减少碘的吸收率。由此，使用加碘盐炒菜或做汤时，尽量不放或少放醋。

3. 宜用植物油　用动物油易使碘挥发，而植物油性质比较稳定，不易与碘发生化学变化，碘的利用率高。

4. 宜密封保存　碘盐遇到阳光和空气容易挥发，因此，碘盐最好贮存在有色和有盖的瓶罐中，存放时间不宜太长，最好随吃随买。

五、营养盐对人体有什么好处

人体要得到正常的生长发育，维持身体健康，需要六大营养素：蛋白质、脂肪、矿物质、碳水化合物、维生素和水。但是，许多人对矿物质的重要性认识不足。矿物质中比较重要的是钙、磷、钾、钠、氯、碘、铁和铜等十多种。

在我们居住的地球上，已发现有108种化学元素，其中60多种在人体内部都可以找到。大家已经了解氯和钠（食盐）的重要性，另外一些矿物质也应该多少知道才对。

钙、磷是人体内含量最多的矿物质，它们是人体骨骼、牙齿的主要成分。一个50千克体重的成年人，体内的含钙量达750克，磷60～120克。钾和钠一样，也是维持细胞内外渗透压的主要物质，是人体生命活动的基础。此外，还有镁、氯、硫等。以上元素在人体内含量较高，因此称为常量元素。而铁、碘、锌、钴、锰、硒、铬、钼等，也是人体所必需的，由于含量极少，所以叫微量元素。它们的主要作用，是调节人体的生理功能，一旦含量不足，人体的新陈代谢、智力发育等一系列生命活动，就会发生障碍；某些元素的缺乏，甚至会诱发癌症。

铁是人体红细胞中血红蛋白的成分。如果人体内缺铁，就不能制造血红蛋白。铁又是血红蛋白中氧的携带

者，没有它，氧就无法输送。成人体内铁的含量约为4克。一旦缺铁，就会引起缺铁性贫血，皮肤苍白干燥，毛发脱落。儿童缺铁，还会导致肝脾肿大、记忆力减退。

成人体内碘的储存量，一般不超过35毫克；每天只要从饮食中获得100微克就够了，如果长期缺碘，就会患甲状腺肿大，严重时丧失劳动能力。

锌在人体的血液中只含百万分之一，但它对人体的生长发育，提高性激素的生理活性起重要作用。锌还有生血功能。糖尿病患者和发育迟缓的儿童都与缺锌有关。

为了使人们从饮食中得到足够的矿物质，以食盐为载体，添加各种各样矿物质的营养盐，走向市场，满足广大消费者的需求。

六、什么品种盐适合哪些人群

1. 低钠盐　低钠盐是以碘盐为原料，添加一定量的氯化钾和硫酸镁，适用于肾脏疾病高盐饮食者、高血压患者、心脏病等需要限制钠盐的特殊人群食用。

2. 钙强化营养盐　钙强化营养盐适用于容易患佝偻病，出现烦躁不安、面部青紫、头部多汗、手足抽搐、蛀牙等症状的患儿。此盐对于妇女和中老年人预防骨质疏松也有一定的帮助。食用钙强化营养盐时，必须同时多吃含磷丰富的食物，如蛋类、豆类等，并适当补充维生素D。

3. 锌强化营养盐　以碘盐为原料，添加入一定量的硫酸锌或葡萄糖酸锌。锌对人体的生长发育、细胞再生、

维持正常的味觉和食欲起重要的作用。锌缺乏普遍存在于儿童、青少年中。食用锌强化营养盐对儿童健脑、提高记忆力以及身体的发育有显著作用,此外,它还能促进性器官的正常发育、增进皮肤健康、增强免疫功能。此盐适用于儿童和青少年。

4. 硒强化营养盐　硒强化营养盐在碘盐的基础上添加了一定量的亚硒酸钠,具有抗氧化、延缓细胞老化、保护心血管健康及提高人体免疫力等重要功能。同时,硒还是人体内有害重金属的解毒剂。动物的肝、肾以及海产品都是硒的良好来源。适用于中老年人、心血管疾病患者。

5. 核黄素盐　核黄素盐又名维生素 B_2,在体内参与生物氧化和能量代谢过程。人体缺乏核黄素会影响生物氧化,引起物质代谢的紊乱。表现为口角溃疡、角膜炎、阴囊炎、视物不清、白内障等多种症状与疾病。动物肝、肾、蛋黄和绿色蔬菜、豆类等食物含核黄素量较高。适用于以植物性食物为主的人群。

七、食盐为什么要加入添加剂

过去,食盐非常容易吸潮而结块,结出来的块很硬,难以打散。买回来的盐,需要用锤子来敲打的食盐,使用非常不方便。因此,按照《中华人民共和国食品卫生法》和《食品添加剂卫生管理办法》的要求,出厂的食盐必须要加添加剂。允许用于食盐中的食品添加剂共有 5 种:二氧化硅、硅酸钙、柠檬酸铁铵、亚铁氰化钾(钠)和氯化

钾。前4种都是抗结剂,抗结剂是指用于防止颗粒或粉状食品聚集结块,保持其松散或自由流动的物质。它可以吸收多余水分或者附着在颗粒表面使其具有憎水性;而氯化钾只能在低钠盐中使用,钾离子也能产生一定咸味。

八、哪些食物含有“隐形盐”

隐形盐是指隐藏在平常日用食品中的盐,这些食物吃多了,容易诱发高血压和胃癌。

1. 调料 酸酸的醋、提鲜的味精、红色的番茄酱、鲜味浓郁的蚝油、酱油、甜面酱,都是咸味或鲜味的调料制品。

2. 甜品 美味的奶酪、面包都含有食盐,出于发酵和储存的需要。奶酪和面包成胚时,表面要抹上一层盐来腌。蛋糕、点心、冰激凌、运动饮料也均含有食盐。

3. 熟食食品 面条、薯条、香肠、熏肉、腊肉、汉堡、比萨饼、方便面、鸡腿、午餐肉等,在制作过程中均加入食盐。

以上食品都是“藏盐大户”,都是我们平时选择食品时,应该慎重购买或少吃的。为了健康,从“盐”开始。

九、如何做到控制盐的摄入量

我国居民膳食指南推荐每人每天盐的摄入量是6克,其中有2克盐是人们日常吃进去的食物所包含的盐

量，实际一天炒菜用盐应该是 4 克，4 克盐相当于把一个普通啤酒瓶盖铺平的量。因此，为了我们的身体健康，必须学会控盐“六妙招”。

1. 平时多用醋、柠檬汁等酸味调味汁，替代一部分盐和酱油。同时，也可以改善食物口感，味道鲜美。

2. 多用蒸、烤、煮等烹调方式，多享受食物天然的味道，少放盐，还要避免喝菜汤。

3. 多吃有味道的菜，如洋葱、番茄、胡萝卜等，用食物本身的味道来提升菜的口感。

4. 做凉拌菜时，最后放盐，少撒上一点儿盐，再放些醋，味道更好。

5. 用酱油等调味品时，用点、蘸的方式，而不是一次性将酱油都倒进菜里面。每 6 毫升酱油所含钠离子等价于 1 克盐中的钠离子的量。

6. 不需要在所有的菜里都放盐，最后一道汤可以不放盐。因为人口腔里的盐味是可以累积的，人们在吃其他菜的时候，在口腔里已经留下了盐分。所以，最后喝汤时，即使不放盐，味道也很好。

十、生理盐水有什么功用

生理盐水是指每 100 毫升含有 0.9 克氯化钠的水溶液(即 0.9%)。如果用毫克当量浓度表示，则每升溶液中含有钠和氯各 154 毫克当量。血浆中钠离子浓度为每升 140 毫克当量，氯离子仅为每升 103 毫克当量，这说明生理盐水中钠的含量与血浆中钠含量基本接近，其氯离子

含量则高于血浆浓度。

生理盐水的“生理”有两个含义：一是钠离子浓度与血浆相近；二是它的渗透压与血浆相等。因此，使用生理盐水不会使血液内的细胞发生肿胀或破裂。

人体血液是由血细胞和液体血浆组成的。血细胞成分有红细胞、白细胞和血小板3种，其中主要是红细胞。正常时，红细胞渗透压与其周围的血浆渗透压是相等的，即细胞内液与细胞外液是等渗溶液。为了维持血管内的正常渗透压，在输液时，必须使用与血浆等渗的溶液，0.9%氯化钠溶液的渗透压正好与血浆渗透压相等。如果配制的浓度低于0.9%，输入血管后，血浆浓度会被冲淡，即血液被稀释，血浆的渗透压也随之下降，血浆内的水分就会过多地渗入到血细胞内，引起肿胀或破裂，最后发生溶血。因此，在一般情况下，输液必须用浓度为0.9%的等渗生理盐水。

在夏季，高温车间的工人，事先用生理盐水，可防止大量出汗后引起低钠综合征。小儿皮下滴入生理盐水，可治疗各种缺钠性脱水症。对大量出汗或发热病人，常需要氯化钠10～12克，则可输入1100～1200毫升生理盐水。对于大面积烧伤病人，生理盐水的需要可高达5000毫升以上。

十一、晨起喝一杯淡盐开水能排毒吗

每天早上，空腹喝一杯淡盐开水，不但不能排毒防便秘，还可能对健康造成威胁。原因在于早晨刚起床，人体

血液处于相对浓缩状态，摄入淡盐开水，可能进一步提高血液浓度，导致身体不适。淡盐水进入胃肠后，很快会被吸收入血，最终通过小便排出，并没有所谓的排毒作用。淡盐开水亦没有膳食纤维、油脂等有助于排便的物质，消除便秘更无从谈起。

《中国居民膳食指南(2016)》推荐，每人每日食盐量不超过 6 克。而现在许多人每天食盐已经超标，在身体不可缺少盐的情况下，再喝淡盐开水，更损身体健康。

另一方面，人体血压的第一个峰值往往出现在早上 6—9 点，高血压、心脑血管疾病、肾功能异常患者，如果晨起喝淡盐开水，可能使血压升高，容易发生心脑血管意外。那么，晨起第一杯水，最好还是一杯 200 毫升左右的温白开水。

十二、高温下作业，为什么要喝盐开水

成年人每天的产热量约为 3000 大卡，在室温下，约有 70％的热量是通过对流、辐射和传导散发的，由汗液和肺里水蒸气蒸发掉的约为 25％，通过吸气时加湿空气和大小便排泄等丧失掉 8％～5％。当人体周围环境的温度超过 30℃时，以对流、辐射和传导等散热的主要方式就会减退甚至停顿。在高温环境下作业，人体会分泌大量汗液丧失大量水分和盐分，若不及时补充，就会使血液浓缩，心脏负担加重，心跳加快，影响血液循环，阻碍养料的输送和废物的排泄。同时，人体内流入肾脏的血流量相对减少，会使肾脏负担加重。人体内水分减少，还会影响

体温的正常调节，在这种情况下就会出现头痛、头晕、耳鸣、眼花、无力、恶心、呕吐、面色苍白、心跳加快和体温升高等一系列症状，这就是中暑。此外，血液中由于氯离子（盐分）减少，会引起四肢肌群和腹肌的强直性痉挛。为了补充人体内的水分和盐分，每天应该喝一些含量为0.5%～0.25%的淡盐水，来补充人体缺水。

十三、为什么说盐是“化学工业之母”

盐是化学工业的重要原料，它可制成氯气（Cl）、金属钠、纯碱（碳酸钠 Na_2CO_3）、重碱（碳酸氢钠、小苏打 $NaHCO_3$）、烧碱（苛性钠、氢氧化钠 NaOH）和盐酸（HCl）等。

氯是有机合成工业最重要的原料之一，而氯气通入消石灰，可制成漂白粉，可以用于漂白棉、麻、纸浆等纤维，还能清净乙炔和水。液氯主要用于制造农药、消毒剂、塑料和其他氯化物。金属钠是生产丁钠橡胶的重要原料。纯碱是制造玻璃、染料和有机合成的原料。烧碱主要用于化工、冶金、石油、染色、造纸、肥皂诸方面。

这些与盐相关的产品，用途极为广泛，涉及国民经济的各个领域和人们的衣、食、住、行各个方面。

十四、为什么盐会在人工降雨中发生作用

俗话说“天上无云不下雨”。在天上，云是由大量水滴或冰晶组成的、悬浮在空中的聚合体。这些水滴和冰晶主要是由水汽在空中冷却凝结成的。它们都是很小的

微粒，平均直径只有 0.04 毫米。空中有多种形式的云层，并不是有云就能下雨的。如果云层中的水滴和(或)冰晶被上升的气流顶托住，或者当气温高，水滴在降落过程中，很快被蒸发掉时，就不会下雨。

随着现代科学的发展，人们逐渐掌握了人工降雨的技术。人工降雨是利用飞机、高射炮或土火箭等工具，把盐、干冰和碘化银等催化剂撒播在云层中，让它们作凝结核，使云中的水滴、冰晶不断增大，下降成雨。

盐是一种吸湿性很强的物质，当它被撒播在云层中时，就成为凝结核，周围的水蒸气很快依附在盐粒上，能加剧水滴的转移、碰撞、合并，形成降雨。

十五、盐水为什么能用来选种

农民精选农作物或树木种子时，通常采用“水选”方式。种子的比重和相同体积盐水的比重是不同的。比如糯稻为盐水的 1.10 左右，粳稻和大麦在 1.13 左右，小麦和裸麦在 1.22 左右。把种子倒进浓度合适的盐水里，饱满完好、比重大的种子会下沉，秕粒、病虫粒和破粒因比重小，会浮在水面被清除掉，这样做，就容易选出优良种子来。

用这种方法选种，要掌握好盐水的浓度；最好用比重计来测定。如果没有比重计，可将已经溶解的盐水舀出一碗，然后放进一匙要选的种子，假若全沉下去，说明盐水太淡，应该继续加进食盐；如果大部分种子漂在水面，说明盐水太浓，应该加水稀释，直到大部分种子斜卧在碗

底为止。

盐水连续使用多次，盐分会被种子带走，应适当加盐，以免浓度降低，影响选种质量。同时，种子经盐水浸泡，表面会受伤。因此，种子从盐水里捞出后，要立即用清水冲洗，才能播种。

十六、制革工业怎样用盐为生皮防腐

制革是工业化生产，需要大量的畜皮。皮革厂从外调来原料皮，考虑到贮运过程中为防治或抑制微生物的侵蚀，必须经过防腐处理，以免降低皮的质量。最常用的防腐方法，是盐腌法和盐干法；盐腌法又分为撒盐法和盐干法两种。

1. 盐腌法

(1)撒盐法：将皮重35%～50%的食盐均匀地撒在鲜皮的肉面上，或加盐在转鼓内滚动，然后按盐重的2%撒碳酸钠或苯等防腐剂，手铺堆置。食盐撒在皮上，附着在皮表面的水分就将它溶解为饱和溶液，并向皮内渗透，使皮脱水。经过1周时间的浸渍，皮内外盐溶液的浓度达到平衡，即能起到抑制细菌活动的作用。采用这种方法操作比较简便。但是，盐的渗透慢而且不易均匀，污物流出不完全。同时，腌用过的盐含菌多，不宜再用。由此，除规模很小的皮革厂外，一般大中型工厂很少采用。

(2)盐水法：是在预先建好的大水池内，用15～20℃的温水，溶解25%的食盐，把鲜皮放进池内浸泡12～24小时后，取出控去水分，再在肉面上按皮重的20%撒盐，

平铺堆置。盐水法的优点是盐液渗透快，作用均匀，污物清除干净，防腐效果好，耗盐量少，而且旧盐液经灭菌和提高浓度后，还可以继续使用多次。缺点是浸泡过程中要不断测试水温和浓度，要不断补充食盐，所以操作复杂。

2. 盐干法　是先用盐腌，后干燥（含水量应低于20%）。采用盐干法在盐腌时，先按盐水法处理。盐溶液的浓度应保持20%左右，用盐量为生皮的15%～20%，一般在常温下浸泡一夜（12小时），即可取出控水，在较低温度下阴干，半干后折叠成形，继续干燥至符合要求。盐干法成本低，效果好，是一种便于保藏、便于加工防腐的方法。盐干皮便于贮运，制革浸水时易于充水回软，恢复到鲜皮状态，是目前普遍采用的一种防腐方法。

十七、盐为什么能美容

1. 盐具有杀菌、抑菌作用，对伤口的愈合及人的皮肤有一定好处。

2. 古代人常用海泥及高盐分的海水来美容，因为海水中含有钾、钠、氯、镁等丰富的矿物质成分。这些成分能促进新陈代谢、深层清洁肌肤、消炎杀菌、去除多余脂肪和角质层、收敛粗大的毛孔，有效消除皮肤毛孔所积累的油脂、粉刺、黑头、死皮等。

3. 护肤美容用的盐是天然盐。由海水经过日晒结晶的盐，其结构成分与人体内的血液、淋巴液的结构成分相似，涂在皮肤上，经过皮肤直接进入血液和淋巴腺，能排

出人体内血液及淋巴腺细胞内的老化物质和毒素，从而达到美容的作用。

十八、盐的美容方有哪些

盐可以美容，常见有天然盐、美容盐和粗盐 3 种美容法。

1. 天然盐　夏天，人的皮肤易出现毛孔粗大，油脂分泌过旺，有的人脸部会出现暗疮、粉刺等。只要每天用水打湿后，再用天然盐抹在脸上，按摩 1 分钟，以鼻子为中心，由下往上，画大圆圈似的反复涂抹，这样长期坚持下去，能杀死螨虫、降低油脂，让皮肤恢复到细腻状态。

2. 美容盐　日本近年来流行用盐作为护肤品的美容新时尚。他们把普通盐经过提炼，与蛋白和蜜蜂等物质混合在一起，因为不再掺和其他化学物质，属于纯天然成分的护肤品。之后，日本人继续将盐改变推出许多品种的美容护肤盐，作洁肤、护肤、美容和消除脂肪之用。

3. 粗盐　先把准备好的消毒纱布打开平放，倒上 2 匙粗盐，把纱布紧裹好，把粗盐搓成球形。再在小碗里倒入矿泉水，把粗盐放入水里浸泡几分钟。然后拿出粗盐包在人的脸上由外至内轻轻按摩。这时脸上会有冰凉清爽的感觉，经过按摩后的脸部肌肤会变得清爽柔软，再用淘米水轻轻拍在脸上，最后用温水冲洗干净即可。

十九、竹盐是如何烧制的

据说，韩国的竹盐是千年以前的僧人传下来的，烧制

竹盐的工艺非常复杂。首先，将天然盐倒入已生长3年以上的竹筒，煅烧后就有了竹盐，竹子必须选用生长于朝鲜半岛西海岸的竹子，直径达到7厘米，生长了3～5年，如果直径超过7厘米，竹子中的水分很难溶入盐中，质量也无法保证。

其次，将竹子截成段，将日晒盐灌注竹筒，这盐必须是西海岸的天然盐；煅烧竹筒的燃材要用松木，用来煅烧的窑也很讲究，必须用"黄土"，只有如此煅烧成的竹盐才会呈黄色。

大概10小时后，第一次煅烧的竹盐，竹子先烧尽，水分渗入盐中，盐便成了盐棒。将第一次煅烧的竹盐先粉碎，再放到竹子里烧，这样的过程要反复8次到9次，再将松脂洒进火里，温度调到最高限度。这时，固体盐变成了液体，9次煅烧后的竹盐，才会具有最佳的功效。真正的竹盐，只有在1350～1500度下煅烧后，才会变成闪现紫光的竹盐——紫竹盐。

二十、机械零件淬火为什么要在水里加盐

由于机械零件的用途不同，对零件硬度的要求也不同，就决定了选用不同的钢材来加工。不同型号的钢材在淬火时，要求冷却的速度有很大的差异。有的用水，有的用水-油，或者单独用油，或肥皂水，有的还在水里添加食盐或碱、酸等物质。在水里加食盐或碱，能有效地提高零件在高温区冷却的速度，以便获得较好的淬透性。因此，用结构钢制的中小型零件，在热处理过程中，用盐水

淬火，可以获得最理想的效果。

二十一、节日放的焰火中为什么要用盐

每逢节假日，人们燃放各种各样的烟花，腾空而起，五彩缤纷，绚丽夺目。殊不知，那些焰火里都少不了食盐。

一般来讲，焰火是由引信、发射药和炮药三个部分所组成。引信是硝酸钾、铅处理后的特种纸，它的作用是将火焰传到焰火内部；发射药的主要成分是硝酸钾，起爆炸作用，将焰火射向天空；炮药则是焰火的主要部分，其中有发光剂和发色剂，使它在高空中燃烧，喷射出五颜六色的光束来。发光剂是铝粉或镁粉，这些金属粉末的燃点低，能够猛烈燃烧，射出炽热的光芒。发色剂用的是一些金属盐类：硝酸锶发红光，硝酸钡发绿光，硫酸铜发蓝光，盐和硝酸钠则发出黄色的光来，这种现象在化学上叫焰色反应。各种金属盐类在高温下，都会放射固有的彩色光芒。

二十二、炒菜时为什么不宜早放盐

要想将菜炒烂必须使它体内的细胞遭到破坏，让细胞内容物能充分吸收水分后膨胀，促使组织软化。炒菜时锅里总是会有清水，它的浓度比菜的细胞内的浓度低，因此，能渗透到菜里去。

如果过早地放盐，清水会变成盐溶液，增加了煮液的

渗透压，菜里细胞非但不能从煮液里吸收水分，相反，细胞内原有水分，还会被体外的煮液吸去。这样，菜就将因失水而长时间炒不烂，而且煮液温度高，沸点也随之增高，菜的温度也随着升高，从而破坏了营养。炒菜时间延长，对燃料也是浪费。因此，炒菜时，一定要做到快炒好时再放盐。

附录A 明代宋应星《天工开物·上篇》第五(作咸)

宋子曰:天有五气,是生五味。润下作咸,王访箕子而首闻其义焉。口之于味也,辛酸甘苦经年绝一无恙。独食盐禁戒旬日,则缚鸡胜匹倦怠恹然。岂非"天一生水",而此味为生人生气之源哉?四海之中,五服而外,为蔬为谷,皆有寂灭之乡,而斥卤则巧生以待。孰知其所以然。

(一)盐产

凡盐产最不一,海、池、井、土、崖、砂石,略分六种,而东夷树叶,西戎光明不与焉。赤县之内,海卤居十之八,而其二为井、池、土碱。或假人力,或由天造。总之,一经舟车穷窘,则造物应付出焉。

(二)海水盐

凡海水自具咸质,海滨地高者名潮墩,下者名草荡,地皆产盐。同一海卤,传神而取法则异。

一法:高墩地,潮波不没者,地可种盐。种户各有区画经界,不相侵越。度诘朝无雨,则今日广布稻麦稿灰及芦茅灰寸许于地上,压使平匀。明晨露气冲腾,则其下盐茅勃发,日中晴霁,灰、盐一并扫起淋煎。

一法:潮波浅被地,不用灰压,候潮一过,明日天晴,半日晒出盐霜,疾趋扫起煎炼。

一法:逼海潮深地,先掘深坑,横架竹木,上铺席苇,又铺沙于苇席上。俟潮灭顶冲过,卤气由沙渗下坑中,撤

去沙、苇，以灯烛之，卤气冲灯即灭，取卤水煎炼。总之功在晴霁，若淫雨连旬，则谓之盐荒。又淮场地面，有日晒自然生霜如马牙者，谓之大晒盐。不由煎炼，扫起即食。海水顺风飘来断草，勾取煎炼，名蓬盐。

凡淋煎法，掘坑二个，一浅一深。浅者尺许，以竹木架芦席于上，将扫来盐料（不论有灰无灰，淋法皆同），铺于席上。四周隆起作一堤垱形，中以海水灌淋，渗下浅坑中。深者深七八尺，受浅坑所淋之汁，然后入锅煎炼。

凡煎盐锅古谓之“牢盆”，亦有两种制度。其盆周阔数丈，径亦丈许。用铁者以铁打成叶片，铁钉拴合，其底平如盂，其四周高尺二寸，其合缝处一以卤汁结塞，永不隙漏。其下列灶燃薪，多者十二三眼，少者七八眼，共煎此盘。南海有编竹为者，将竹编成阔丈深尺，糊以蜃灰，附于釜背。火燃釜底，滚沸延及成盐。亦名盐盆，然不若铁叶镶成之便也。凡煎卤未即凝结，将皂角椎碎，和粟米糠二味，卤沸之时投入其中搅和，盐即顷刻结成。盖皂角结盐，犹石膏之结腐也。

凡盐淮扬场者，质量而黑。其他质轻而白。以量较之。淮场者一升重十两，则广浙、长芦者只重六七两。凡蓬草盐不可常期，或数年一至，或一月数至。凡盐见水即化，见风即卤，见火愈坚。凡收藏不必用仓廪，盐性畏风不畏湿，地下叠稿三寸，任从卑湿无伤。周遭以土砖泥隙，上盖茅草尺许，百年如故也。

（三）池盐

凡池盐，宇内有二，一出宁夏，供食边镇；一出山西解

池，供晋、豫诸郡县。解池界安邑、猗氏、临晋之间，其池外有城堞，周遭禁御。池水深聚处，其色绿沉。土人种盐者，池旁耕地为畦垄，引清水入所耕畦中，忌浊水，掺入即淤淀盐脉。

凡引水种盐，春间即为之，久则水成赤色。待夏秋之交，南风大起，则一宵结成，名曰颗盐，即古志所谓大盐也。以海水煎者细碎，而此成粒颗，故得大名。其盐凝结之后，扫起即成食味。种盐之人，积扫一石交官，得钱数十文而已。其海丰、深州引海水入池晒成者，凝结之时扫食不加人力，与解盐同。但成盐时日，与不藉南风则大异也。

（四）井盐

凡滇、蜀两省远离海滨，舟车艰通，形势高上，其成脉即蕴藏地中。凡蜀中石山去河不远者，多可造井取盐。盐井周围不过数寸，其上口一小盂覆之之余，深必十丈以外乃得卤性，故造井功费甚难。

其器冶铁锥，如碓嘴形，其尖使极刚利，向石上舂凿成孔。其身破竹缠绳，夹悬此锥。每舂深入数尺，则又以竹接其身使引而长。初入丈许，或以足踏碓梢，如舂米形。太深则用手捧持顿下。所舂石成碎粉，随以长竹接引，悬铁盏挖之而上。大抵深者半载，浅者月余，乃得一井成就。

盖井中空阔，则卤气游散，不克结盐故也。井及泉后，择美竹长丈者，凿净其中节，留底不去。其喉下安消息，吸水入筒，用长絙（gēng）系竹沉下，其中水满。井上

悬桔槔、辘轳诸具，制盘驾牛。牛拽盘转，辘轳绞緪，汲水而上。入于釜中煎炼（只用中釜，不用牢盆），顷刻结盐，色成至白。

西川有火井，事奇甚。其井居然冷水，绝无火气，但以长竹剖开去节，合缝漆布，一头插入井底，其上曲接，以口紧对釜脐，注卤水釜中。只见火意烘烘，水即滚沸。启竹而视之，绝无半点焦炎意。未见火形而用火神，此世间大奇事也。

凡川、滇盐井逃课掩盖至易，不可穷诘。

(五)末盐

凡地碱煎盐，除并州末盐外，长芦分司地土人，亦有刮削煎成者，带杂黑色，味不甚佳。

(六)崖盐

凡西省阶、凤等州邑，海井交穷。其岩穴自生盐，色如红土，恣人刮取，不假煎炼。

附录B 《本草纲目》石部第十一卷金石部之五

1. 炼盐黑丸　刘禹锡《传信方》崔中丞相炼制的盐黑丸方，盐的粉末一斤，放在粗质的瓷瓶里，用泥土封固装满盐的瓷瓶，刚刚开始用灰火烧，逐渐地加入炭火，不要使瓷瓶破损，等到全部红透彻，盐如同水一样，即去掉烟灰，等到凝结以后，打破瓷瓶取出盐。豆豉一升，长时间的煎煮。桃仁一两，跟麸皮一起炒熟。巴豆二两，去掉巴豆仁的薄皮，放在纸里炒，使它出油，必须是生、熟适宜，过熟，力量就小；生的又损伤人体。四种药物捣匀，放入蜜，调和成梧桐子大小的丸剂。每次服用三丸，平常白天的时候服用，季节性多发大流行的时候，用豆豉以及茶水攻下。心脏部位疼痛，用酒攻克，进入嘴里疼痛就停止了。患血痢，服用它，开始变成水痢，然后就停止了。鬼疟，用茶水攻克；骨蒸，用热的蜜水服下。切忌长期服用凉的水，配合药物长期使用，就能稍微增加一点剂量。凡是服用药物后呕吐泻下，不要奇怪。呕吐泻泄如果严重，服用黄连汁就能使它停止。或者遇到败坏的药，别人的药，长期没有服用的药，再服用一两丸。服药后，二三天不要吃东西。这种药在腊月里调和它，用瓷瓶密闭封闭严，不要让它泄漏空气，一剂药物可以救100个人，或者走在道路上，或者居住在村子里，没有药物可以找到的话，就使用这个药。一个梧桐子的大小，就相当于大黄、朴硝几两，曾经应用过，有效验。儿童、妇女不能服用，如果服用就会被搅作起来。

2. 卒中尸遁　孙真人方，它的病状是腹部胀满，呼吸

紧急，上冲心胸，或者出现快，或牵扯到腰背的就是这种痛，服用盐汤就使它呕吐。

3. 尸疰鬼疰　下部蚀疮，将炒过的盐用布包裹好，坐着熨它(《药性论》)。

4. 中恶心痛　有的牵连到腰部、脐部，用如同鸡蛋大的盐，用蓝布包裹好，烧红后，放入酒中，马上服用。当时就吐出令人恶心的食物，病就痊愈了(《药性论》)。

5. 中风腹痛　用半斤盐，把水熬煮干，放入嘴里，喝热的水二升，等到呕吐后就痊愈了(《肘后方》)。

6. 脱阴虚证　四肢厥冷，不省人事，或者小腹紧痛，冷汗气喘，用炒的盐熨肚脐下的气海穴，是取用它的温暖(《救急方》)。

7. 心腹胀坚　疼痛烦闷得想要死去，用五合盐，一升水煎服，呕吐泄泻后就能安定，若不呕吐，还要服用(《梅师方》)。

8. 腹胀气满　用黑盐，服用六铢酒(《后魏方》)。

9. 酒肉过多　腹部胀满不舒服，用细的盐摩擦牙齿，温开水漱口，咽下二三次，就好像热水灌溉冰雪样(《简便方》)。

10. 霍乱腹痛　将一包炒的盐，熨患者心胸、腹部，使热气穿透，再用一包盐熨其背部(《救急方》)。

11. 霍乱转筋　将要死去，人的元气将要断绝，腹部有热气的患者，用盐填满其肚脐，灸上面的盐七壮，就能苏醒(《救急方》)。

12. 肝虚转筋　肝脏气虚，风冷结聚在筋脉，整个身体抽筋，进到腹部不能忍受。用热水 30 斤，放入盐半斤，

稍加热浸泡(《圣惠方》)。

13. 一切脚气　用三升盐,蒸热后分别包装,靠近墙,用脚踏它,使脚心发热,又跟槐白皮一起蒸它,效果特别好,每天晚上使用效佳(《食疗本草》)。

14. 脚气疼痛　每天晚上用盐搽腿、膝,一直到脚指甲,停留一会儿,用热水浸泡冲洗,有一人患这种病,曾经使用,有效验(《救急方》)。

15. 胸中痰饮　由于伤寒导致的热病疟疾必须呕吐的患者,一起用盐汤使他呕吐(《外台秘要》)。

16. 病后胁胀　患季节的流行病之后,两胁胀满,用熬煮的盐熨之(《外台秘要》)。

17. 妊娠心痛　不能忍受,把盐烧红,服用一嘬酒(《经效产宝》)。

18. 妊娠逆生　用盐按摩产妇的腹部,并涂抹小儿的脚底部,仍旧迅速用手指轻抓之(《千金方》)。

19. 妇人阴痛　用蓝布包裹盐,熨之(《药性论》)。

20. 小儿疝气　抛弃内心对肾气的忧虑,用葛织成的布袋盛盐,在家门口悬挂它。父亲、母亲用手指搓转振动没有了,就痊愈了(《日华子本草》)。

21. 小儿不尿　把盐放在肚脐里,用艾条灸之(《药性论》)。

22. 小便不通　用湿润的纸包裹白盐,用火烧完以后,吹一点进入尿道中,立即就能通畅(《普济方》)。

23. 气淋脐病　用盐调和醋吸用(《广济方》)。

24. 二便不通　盐和苦酒附着在肚脐里,干燥了就更换。仍然用盐汁灌到肛门内,而且内服,用纸包裹盐,放

到水中喝它(《家藏方》)。

25. 漏挂白浊　用一两像雪一样白的盐,并且修筑成严密坚固的物体,煅制一天,产生火毒,白茯苓、山药各一两,做成粉末,枣去掉核后,可以吃的部分,调和蜜,做成梧桐子大小的丸剂。每次在汤药中放入 30 个枣,大概是因为甜水能够帮助咸味的缘故,脾和肾这两个脏器都能得到收益(《直指方》)。

26. 下痢肛痛　不能忍受的病人,用熬煎的盐包裹好坐着熨之(《肘后方》)。

27. 血痢不止　白盐,用纸包裹好,燃烧后,磨成细细的末,调成粥样服用,三四次就能停止。

28. 中蛊吐血　或者大量便血,用盐一斤,苦酒一升,煎煮融化后,立即服用能够呕吐(《小品方》)。

29. 金疮血出　血出非常多,如果血液冷,对人就有伤害,适宜用炒过的盐三撮,酒调服(《梅师方》)。

30. 金疮中风　煎煮盐,使它热之后,用勺抄,沥去水,趁热散发在疮面上,冷却了再敷上,一天内不要停止,取得以后,病就好了,非常有效(《肘后方》)。

31. 小儿撮口　用盐捣烂以后贴在肚脐上,艾条灸之(《子母秘录》)。

32. 饮酒不醉　凡是喝酒,先服用一小勺盐,然后,喝酒的酒量一定能加倍(《肘后方》)。

33. 明目坚齿　去掉眼睛上的膜,对老年人的眼睛特别有帮助,取用海水生的盐,用沸腾几百次的水浸泡分离后,干净铁汁放在银石的器皿中,熬煮成像雪一样白的盐花,用新瓦做成器皿盛它。每天早晨,用水刷牙漱口,用

大拇指的指甲滴水洗眼睛，闭上眼睛，长时间坐着，于是，再洗脸，这是著名的透彻观察千里的办法，特别玄妙神奇(《永类钤方》)。

34. 风热牙痛　用槐树枝煎煮二碗浓的汤，放入一升盐，煮干后再炒，磨成细细的盐末，每天用它刷牙，用水洗眼睛(《唐瑶经验方》)。

35. 牙齿松动　用盐半两，皂荚二根，一起烧红，磨成细细的末，每天夜里刷牙，1 个月后，一起好了，他的牙齿坚固了(《食疗本草》)。

36. 齿龈宣露　每天白天放在嘴里含吸盐，热的水含在嘴里，几百次，5 天后，牙齿更牢固(《千金方》)。

37. 齿痛出血　每天晚上厚厚的盐末封闭在牙龈上，所有的液体流完了，才能睡觉，液体流出的时候，敲打牙齿不要停止，非常有效(《肘后方》)。

38. 喉中生肉　用棉花包裹住筷子头，支持着盐擦它，每天五六次(《孙真人方》)。

39. 帝钟喉风　垂挂半过长，用煅制的食盐，多次滴它，方消除(《太平圣惠方》)。

40. 风痛耳鸣　盐五升蒸热，用耳朵靠近它，冷却后又更换之(《肘后方》)。

41. 耳卒疼痛　方法同上方一样。

42. 目中泪出　把盐滴在眼睛里，凉水洗几次，病就好了(《范汪方》)。

43. 目中浮翳　遮盖眼睛，用生的白盐细细磨一点儿，多次滴眼，每次都有效果，小儿也适宜用(《直指方》)。

44. 小儿目翳　有时招来，有时离开，浓浓加大侵蚀

眼睛，用一点儿雪白的盐，灯心草蘸水，滴眼睛，每天三五次，没有疼痛，没有障碍，每次使用都有效验（《活幼口议》）。

45. 尘物眯目　用一点儿盐和豆豉一起放在水里，看它，立即就出来（《孙真人方》）。

46. 酒渣赤鼻　用白盐经常擦它，效果好（《直指方》）。

47. 口急鼻疳　侵蚀腐烂腐臭，用斗子盐、白面相等重量，做成粉末，每次用嘴吹之（《普济方》）。

48. 面上恶疮　五种颜色，盐水浸泡棉花拓印在疮上，5或6次就愈（《药性论》）。

49. 体如风行　属于内热的，用盐一斗，水一石，用煎煮的水洗3或4次，也能治一切风气（《外台秘要》）。

50. 疮癣痛痒　用咀嚼的盐频繁擦之，非常好（《千金翼方》）。

51. 手足心毒，风气肿毒　用盐的粉末、椒的粉末相同重量，用醋调好，涂抹之，病立即好（《肘后方》）。

52. 手足疣目　用盐涂抹上面用舌头舔之，不超过3次，病就好（《肘后方》）。

53. 热病生䘌下部有疮　熬点盐用棉花包烫它，不超过3次（《梅师方》）。

54. 一切漏疮　用布包裹盐烧红做成细末，每次服用1钱（《外台秘要》）。

55. 臁疮经年　用盐里的黑泥，晒干，磨成细细的末，涂抹它（《永类钤方》）。

56. 蠼螋尿疮　用盐末浸泡棉花，拓印在疮上（《食疗

本草》)。

57. 蜈蚣咬人　用咀嚼的盐涂抹之，或者用盐水浸泡之(《梅师方》)。

58. 蚯蚓咬毒　形状如同大风，眉毛鬓角脱落，用煎煮好的盐水浸泡身体几次(《经验方》)。

59. 蜂虿叮蜇　咀嚼盐涂抹之(《千金方》)。

60. 蜂黄蝇毒　用盐涂抹之。

61. 毒蛇伤螫　用咀嚼盐涂抹之，艾条灸3壮，仍用盐涂抹(《徐伯玉方》)。

62. 解狼毒　毒盐汁饮之(《千金方》)。

63. 药箭毒气　用盐黏附在疮上，艾条灸30壮，效果好(《集验方》)。

64. 救溺水死　在大的凳子上躺下，把脚放在高处，用盐擦肚脐里面，等到水已流出，千万不要倒着举出水(《急救方》)。

附录C 盐的用途一览表

盐的用途一览表

- 一、家用
  - 制水乳酪、盐腌鱼肉、盐腌蔬菜、盐腌蛋类、煮制肴蔬、洗擦瓷器
  - 洗涤席类、洗竹木器、洗水果类、洗蔬菜类、洗去衣渍、焊接熔点
  - 驱逐虫蚁、助染颜色
- 二、药用
  - 溶液
    - 外用——疗治疲倦、盐水沐浴、盐水洗疮、洗脚洗头
    - 内用——作健补剂、疗治喉痛、作呕吐剂、作驱虫剂
  - 固体
    - 外用——疗治耳疾、疗治牙痛、疗治火伤、治除发垢、治蜂虫咬伤
    - 内用——疗治头痛
- 三、
  - 农用
    - 饲养牲畜、杀除菌类、保存稻草、杀除蔓草、制土化肥、制造牛油
    - 处治酸土、盐水选种、制精饲料
  - 作生冷剂
    - 一切冷冻作业
    - 冰冻物品
- 四、工用
  - 作化学剂用
    - 冶金工业
      - 陶业——防陶泥缩水、制造明釉、制造釉料、制镶牙水泥
      - 冰治硫化矿——铜、银、铅
      - 制钢铁——拉制细丝、用热处理、增高硬度、滚捲板片
    - 化学工业
      - 杂用——保存木料、制造墨汁、水质提净、除去灰屑、制造棉泥、制造牙粉、公路化雪
      - 使工业品析出——析出乳状液、析出酱汁、析出肥皂、制有机品、析出染料
      - 保藏物品工业——制造皮革、制久藏食品、盐醋清法、盐腌法、罐头食品、保存新皮、制冰及保存冰
  - 作原料用
    - 电解盐
      - 机械处理——制造饼干、制造酱油、制造面包
      - 制　　氯——制造盐酸、制漂白粉、制氯酸物、制工业钠、制烧碱
      - 制　　氢——制盐酸、制氯气、装入飞船
    - 化学处理
      - 制发酵粉——制烧碱、制碳酸钠、制面食品
      - 制硫酸钠——制甜青粉、制玻璃、用于医药、用于染色
      - 制盐酸、制漂白粉、制调味品、制味精

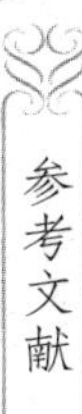

参考文献

[1] 陈逸根,宋建华,李淑芹.不简单的盐.上海:上海科学技术出版社,2004.

[2] 马克·科尔兰斯基.盐.北京:机械工业出版社,2005.

[3] 王仁湘,张征雁.盐与文明.沈阳:辽宁人民出版社,2007.

[4] 黄芳,王惟恒.妙用食盐治百病.北京:人民军医出版社,2013.

[5] 甘智荣.下厨必备的泡菜制作.长春:吉林科学技术出版社,2015.

[6] 曾洁,高海燕,穆静.泡菜制作一本通.北京:化学工业出版社,2020.